glossário ilustrado de BOTÂNICA

Jesus Rodrigues Lemos
Ivanilza Moreira de Andrade

glossário ilustrado de BOTÂNICA

oficina de textos

1ª reimpressão 2023

Grafia atualizada conforme o Acordo Ortográfico da Língua Portuguesa de 1990, em vigor no Brasil desde 2009.

Capa e projeto gráfico Malu Vallim
Diagramação Victor Azevedo
Ilustrações Mariana de Sales Silva
Preparação de figuras Kaori Uchima
Preparação de textos Natália Pinheiro Soares
Revisão de textos Anna B. Fernandes

Dados Internacionais de Catalogação na Publicação (CIP)
(Câmara Brasileira do Livro, SP, Brasil)

Lemos, Jesus Rodrigues
Pequeno glossário ilustrado de botânica / Jesus Rodrigues Lemos, Ivanilza Moreira de Andrade. -- São Paulo : Oficina de Textos, 2022.

Bibliografia.
ISBN 978-65-86235-79-1

1. Botânica - Glossários I. Andrade, Ivanilza Moreira de. II. Título.

22-124977 CDD-580.3

Índices para catálogo sistemático:
1. Botânica : Glossários 580.3
Cibele Maria Dias - Bibliotecária - CRB-8/9427

Rua Cubatão, 798
CEP 04013-003 São Paulo SP
tel. (11) 3085-7933
www.ofitexto.com.br
atendimento@ofitexto.com.br

Apresentação

Embora regida pelo método científico, a Botânica foi designada por Lineu (1707-1778), naturalista e botânico sueco, como *Scientia amabilis*, fazendo referência ao fascínio que as plantas exercem sobre as pessoas.

Esse interesse da humanidade pelas plantas remonta à Antiguidade, quando se fez necessário organizar o conhecimento sobre a flora, especialmente sobre as suas propriedades medicinais e alimentícias. Tal ação de sistematização de informações sobre os organismos vivos sempre foi inerente ao comportamento humano. Entre os que se distinguiram nessa tarefa, merece destaque Teofrasto (370-285 a.C.), discípulo de Aristóteles, considerado o "pai da Botânica". Ele foi um dos primeiros estudiosos a estabelecer um sistema para classificar os vegetais, reconhecendo formas de crescimento, também chamadas de hábitos, e criando termos para descrever a riqueza de fisionomias dos órgãos das plantas, muitos dos quais são utilizados até hoje.

A Morfologia Vegetal é o ramo da Botânica que estuda as formas e estruturas das plantas. Quando o foco dos estudos se concentra na morfologia externa dos órgãos das plantas, utiliza-se o termo *organografia*. Por outro lado, *anatomia vegetal* é o estudo da estruturação interna do corpo vegetal.

Nesse contexto, a elaboração deste *Glossário ilustrado de Botânica* é uma iniciativa para facilitar o processo de aprendizagem desse ramo, envolvendo tanto aspectos organográficos quanto anatômicos. A terminologia morfológica, considerada por muitos alunos como de difícil assimilação, é apresentada pelos autores de forma didática, clara e acessível. Para cada verbete, há uma ilustração correspondente, desenhada à mão, o que vai facilitar a compreensão das definições morfológicas.

A obra enriquece a bibliografia da área de Morfologia Vegetal, uma disciplina muito importante como base de conhecimentos para Sistemática e Fisiologia Vegetal. Dessa forma, e não objetivando esgotar a temática, como o próprio título sugere, o *Glossário ilustrado de Botânica* é um recurso didático e de fácil consulta para alunos do ensino médio e da graduação, em áreas como Biologia, Agronomia, Farmácia e Engenharia Florestal. A obra também serve de referência para professores e outros profissionais cuja atuação envolva fortemente o uso e manejo de plantas, entre eles paisagistas, arquitetos e viveiristas.

Este glossário é também uma estratégia para estimular a empatia pela Botânica, tornando a descoberta e a aprendizagem da morfologia das plantas uma atividade mais prazerosa e enriquecedora. A partir dessa perspectiva, sinta-se convidado a descobrir o rico e fascinante mundo das multiformes manifestações das plantas.

Prof. Dr. Elnatan Bezerra de Souza
Taxonomista Vegetal
Professor Associado da Universidade Estadual Vale do Acaraú (UVA)

sumário

1 Raiz

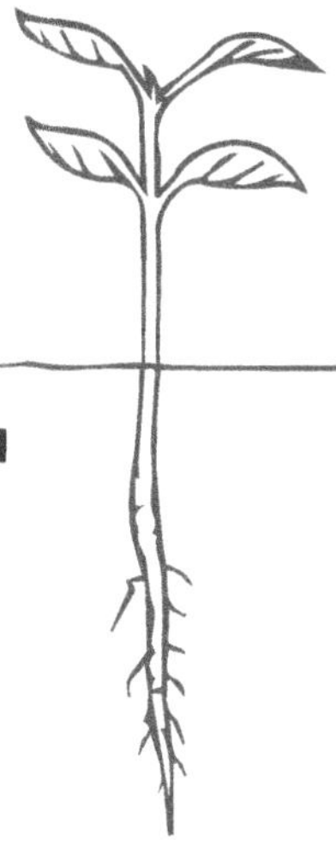

A raiz é um órgão subterrâneo, aclorofilado, especializado em fixação e absorção de água e sais minerais. Pode também funcionar como órgão de reserva, como é o caso da cenoura, beterraba e batata-doce, por exemplo. Em geral, apresenta geotropismo e hidrotropismo positivos, e difere do caule pela ausência de corpo não segmentado em nós e internós, meristemas laterais, folhas e gemas.

A primeira raiz (raiz primária) de uma planta com sementes é originada do desenvolvimento da radícula do eixo embrionário. Em certos grupos de plantas, como gimnospermas e eudicotiledôneas, a raiz primária continua seu crescimento ao longo de toda a vida da planta, produzindo ramificações que, sucessivamente, também se ramificam, constituindo o sistema radicular pivotante. De forma contrária, nas monocotiledôneas, a raiz primária e as raízes seminais têm vida curta, sendo substituídas pelas raízes adventícias que se originam no caule, constituindo o sistema radicular fasciculado. Este, embora superficial em relação ao sistema radicular pivotante, se une com mais firmeza às partículas do solo.

As diferenças primordiais dos tipos de sistemas radiculares são importantes do ponto de vista agronômico, pois várias práticas agrícolas de uso consagrado se baseiam nas características apresentadas pelas raízes. Assim, a rotação de culturas, isto é, o plantio, em anos alternados, de espécies vegetais diferentes, leva em consideração o conhecimento das diferenças entre os sistemas radiculares, a saber: para o controle da erosão, são utilizadas, entre outras práticas, plantas com sistema radicular fasciculado que agregam melhor a camada superficial do solo; o melhor aproveitamento da adubação residual é feito alternando-se culturas com diferentes sistemas radiculares; plantas com sistema radicular profundo (pivotante) são capazes de absorver solutos que se encontram a maiores profundidades, enquanto as de sistema fasciculado aproveitam melhor os nutrientes disponíveis em camadas superficiais.

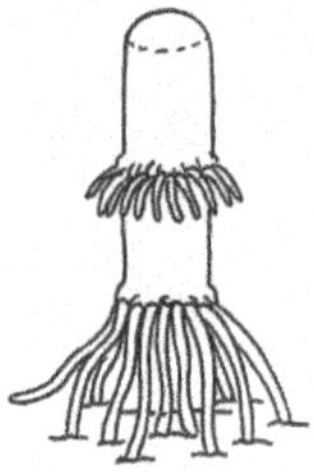

Adventícia

Refere-se a uma estrutura que se origina em um lugar incomum, que não seja oriunda da radícula, tal como gemas formadas nas axilas das folhas, ou então uma raiz que cresce em caules ou folhas, por exemplo.

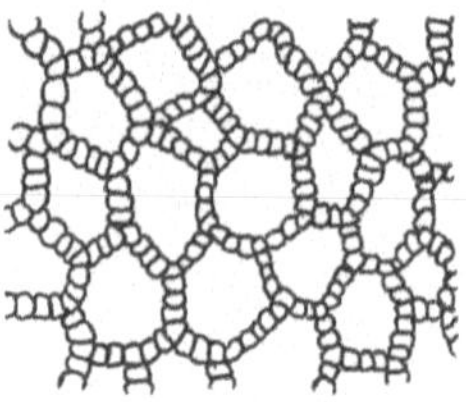

Aerênquima

Tecido parenquimático contendo, especificamente, grande quantidade de espaços aeríferos, intercelulares. Em muitas plantas aquáticas e de solos úmidos, os espaços intercelulares tornam-se grandes, muitas vezes auxiliando na flutuação e também na difusão de oxigênio para órgãos não iluminados.

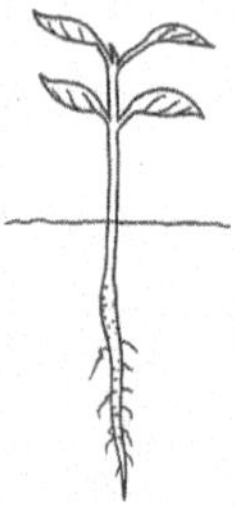

Axial ou pivotante

Sistema radicular no qual a radícula origina um eixo principal do qual partem ramificações, constituindo as raízes laterais, mais finas. Esse sistema encontra-se ausente nas monocotiledôneas.

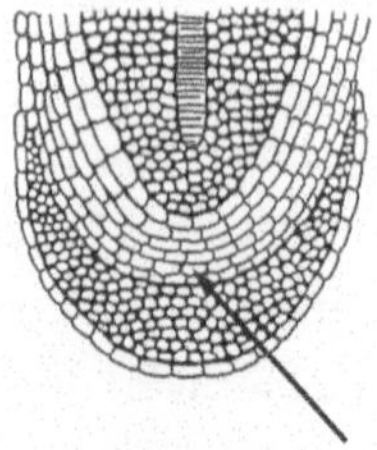

Caliptra

Estrutura em formato de capuz presente no meristema apical da raiz, que reduz o atrito da região meristemática desta com as partículas de solo e demais obstáculos. Também é responsável pela percepção gravitacional. Sinônimo de **coifa**.

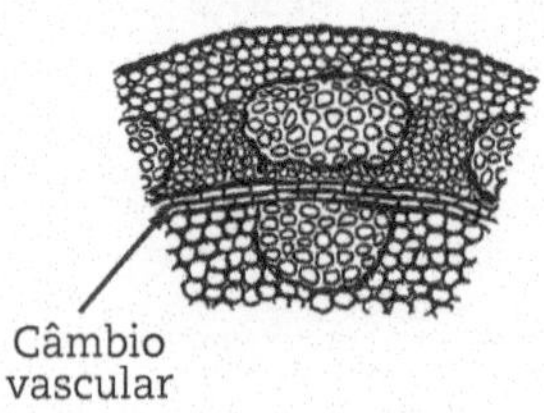

Câmbio vascular

Tecido meristemático das eudicotiledôneas que dá origem ao xilema e floema secundários nas plantas com crescimento secundário.

Coifa

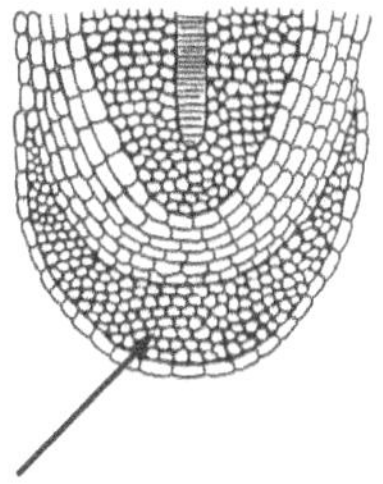

Conjunto de células parenquimáticas vivas, semelhante a um dedal, que reveste e protege o meristema apical e facilita a penetração da raiz no solo. À medida que a raiz cresce e a coifa é empurrada para a frente, as células na sua periferia secretam grande quantidade de mucilagem (polissacarídeo altamente hidratado), que lubrifica a raiz durante a sua passagem através do solo.

Colênquima

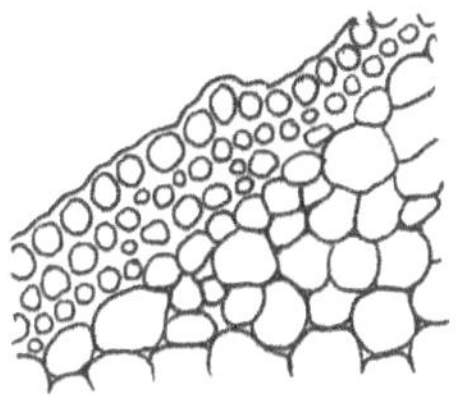

Tecido de sustentação, geralmente encontrado em regiões de crescimento primário, sobretudo nos ângulos das células ou em toda a extensão da parede. As células do colênquima, como as células do parênquima, são vivas na maturidade. O tecido colenquimático comumente ocorre em cordões isolados ou como um cilindro contínuo sob a epiderme.

Coleorriza

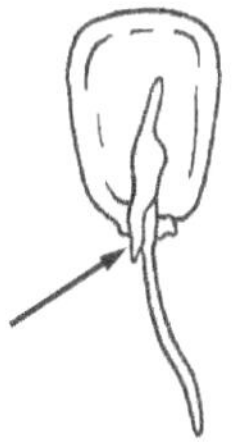

Bainha que envolve a radícula no embrião das gramíneas. A coleorriza que envolve a radícula é a primeira estrutura a crescer através do pericarpo (parede do ovário maduro do grão).

Colo ou coleto

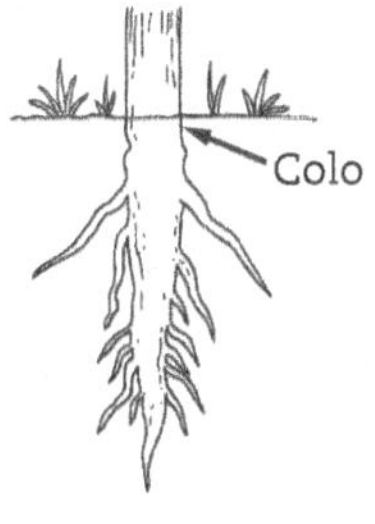

Região que fica entre o caule e a raiz, normalmente na mesma altura que a superfície do substrato.

Córtex

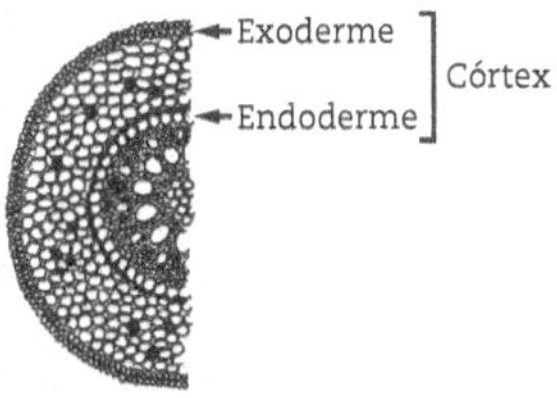

Região de tecido primário do caule ou da raiz, constituída de tecido fundamental e delimitada externamente pela epiderme e internamente pelo sistema vascular.

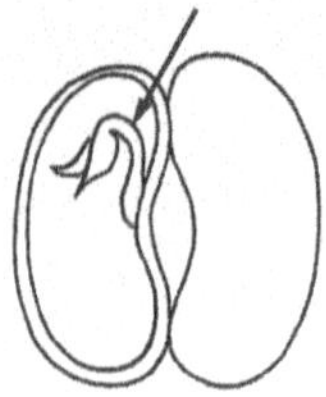

Eixo hipocótilo-radicular

Refere-se ao eixo do embrião, situado abaixo do cotilédone ou cotilédones, que consiste no hipocótilo e meristema apical da raiz ou da radícula.

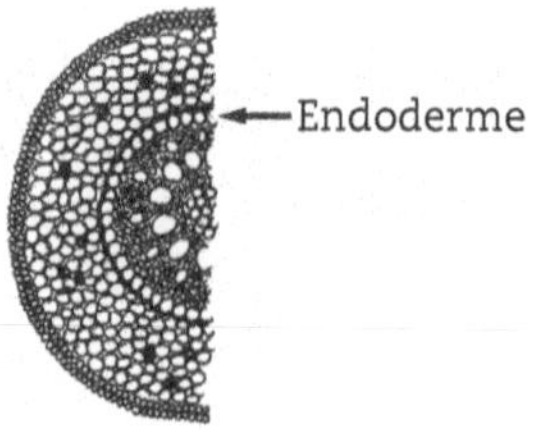

Endoderme

Camada de tecido fundamental formando uma bainha ao redor da região vascular e apresentando características parietais específicas – estrias de Caspary ou espessamentos secundários. Camada mais interna do córtex em caules e raízes de plantas com sementes, sendo, nestas últimas, particularmente visível em plantas de pequeno ou ausente crescimento secundário.

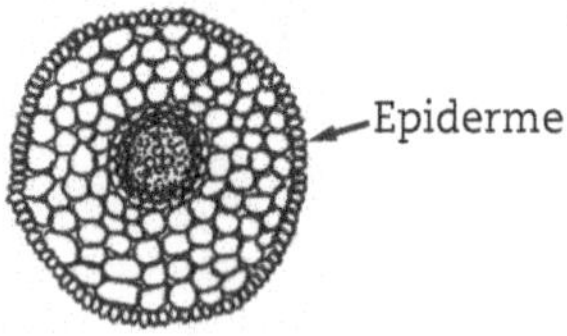

Epiderme

Camada externa de células, com forma tabular, de origem primária, que reveste órgãos vegetais. Quando multisseriada, apenas a camada mais externa se diferencia com características de epiderme.

Estrangulantes

Raízes também tidas como parasitas, mas, diferentemente dos haustórios, não há a penetração para a retirada da seiva, e sim o estrangulamento da espécie hospedeira, que é incapaz de crescer devido às raízes estrangulantes que envolvem seu tronco, impedindo o seu crescimento em espessura. Um exemplo de planta que possui esse tipo de raiz é o mata-pau (*Ficus* sp.).

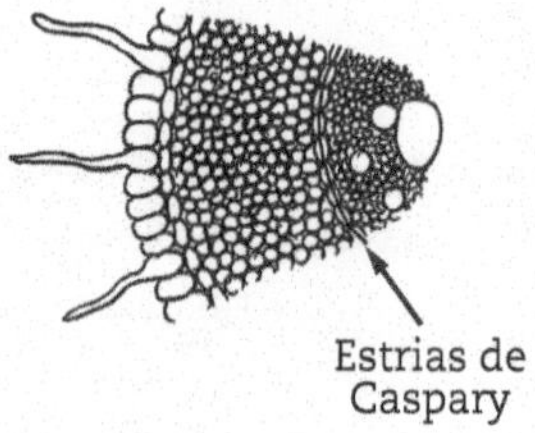

Estrias de Caspary

Reforços de lignina ou suberina ou ambas, que atingem principalmente as paredes anticlinais (radiais e transversais) das células da endoderme. Em cortes transversais de raízes, as estrias de Caspary aparecem como pontos na parede.

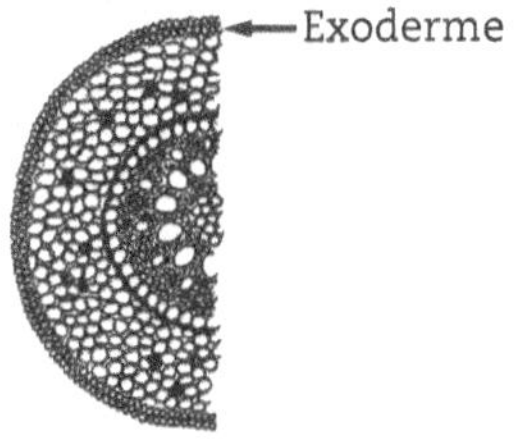

Exoderme

Camada mais externa, de uma ou mais células de espessura, do córtex de algumas raízes. Essas células são mais ou menos suberificadas e podem sofrer esclerificação posterior.

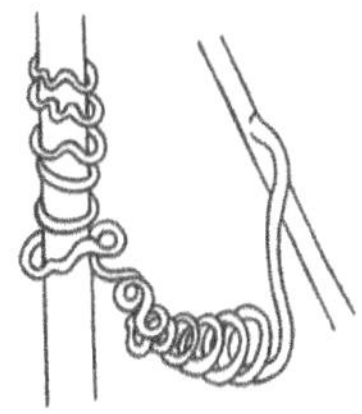

Gavinha

Órgão preênsil presente nas plantas trepadeiras. São estruturas filiformes, simples ou bifurcadas na extremidade, com a função de agarrar ramos, galhos, folhas ou qualquer outro suporte que sirva de apoio para a planta em crescimento.

Geotropismo

Movimento de crescimento das plantas em resposta a um estímulo externo, nesse caso, a gravidade. As raízes apresentam geotropismo positivo e crescem em direção ao solo no sentido orientado pela força gravitacional.

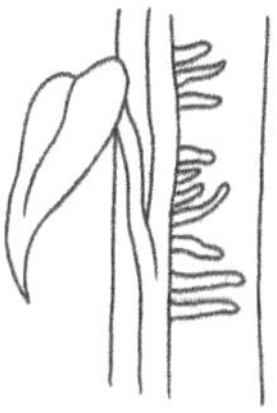

Grampiformes ou aderentes

São raízes que, por sua origem, são classificadas como adventícias e, como o próprio nome diz, possuem forma semelhante a um grampo. Tais raízes fixam a planta a um suporte, sendo este outra planta ou não.

Haustório

Prolongamento modificado das raízes de plantas parasitas ou hemiparasitas que penetra nos tecidos da planta hospedeira, absorvendo nutrientes.

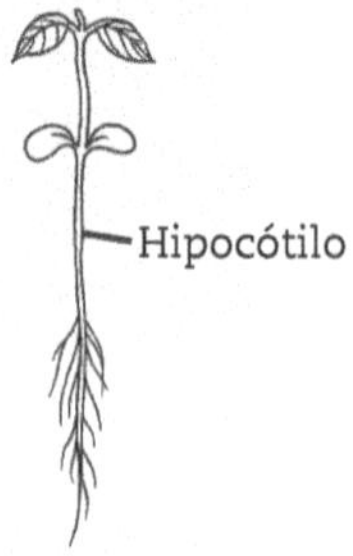

Hipocótilo

É a parte do eixo do embrião ou plântula situada entre o ponto de inserção dos cotilédones e o início da radícula.

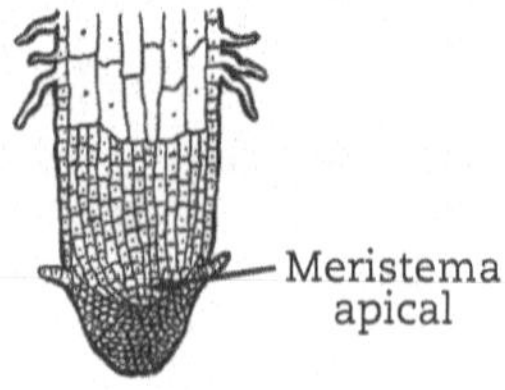

Meristema apical da raiz

Tecidos vegetais que fazem parte do meristema e dão origem aos tecidos primários, formando o corpo primário ou a estrutura primária do vegetal.

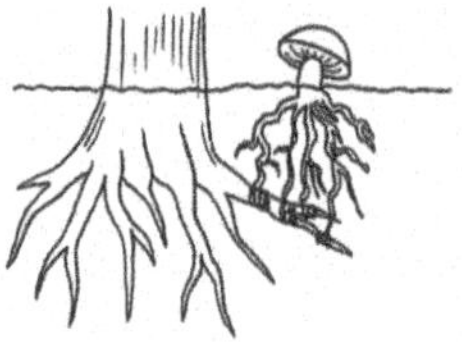

Micorriza

Associação mutualística do tipo simbiótico existente entre certos fungos e raízes de algumas plantas.

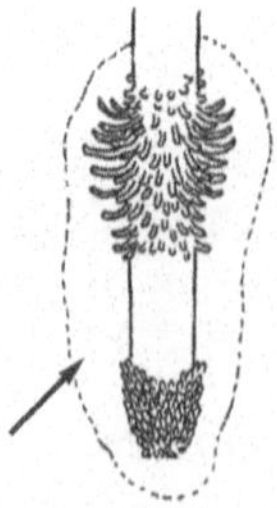

Mucilagem

É uma secreção rica em polissacarídeos. Encontra-se em alta concentração em raízes de plantas aquáticas e algumas sementes para proteção, por exemplo.

Nódulos

São estruturas encontradas em raízes de plantas, geralmente leguminosas, que dão origem à simbiose por meio da fixação de nitrogênio pelas bactérias.

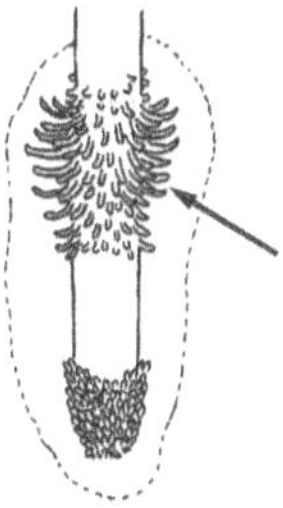

Pelos absorventes ou radiculares

São prolongamentos das células epidérmicas, e têm como função absorver a água e os minerais necessários à vida da planta, aumentando em muitas vezes a superfície de absorção das raízes.

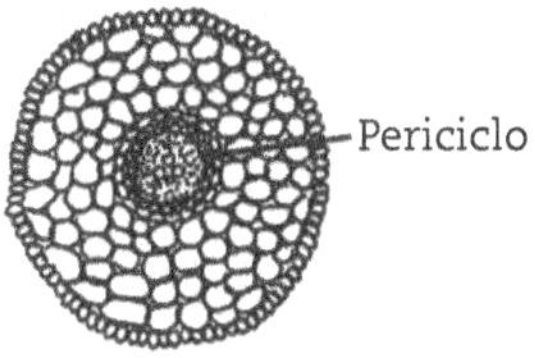

Periciclo

Estrutura que se encontra na raiz das plantas vasculares. É um conjunto de células que corresponde à camada mais externa do cilindro vascular, estando localizado externamente ao floema, porém abaixo da endoderme.

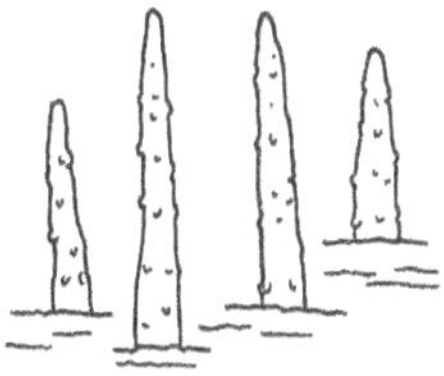

Pneumatóforos

São raízes de plantas adaptadas para realizar trocas gasosas com o ambiente. Em geral, estão presentes em plantas que vivem em solo pobre em oxigênio ou solos encharcados.

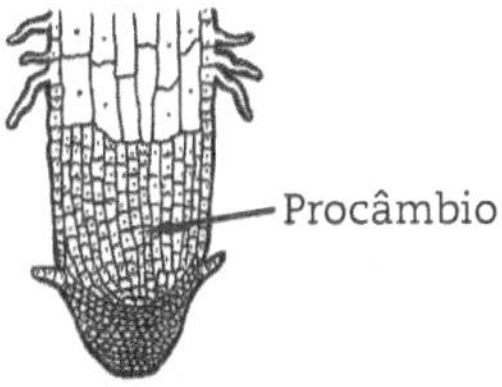

Procâmbio

É um tecido vegetal (meristema primário) constituído pelo meristema apical dos caules e das raízes. O procâmbio posteriormente origina o tecido vascular.

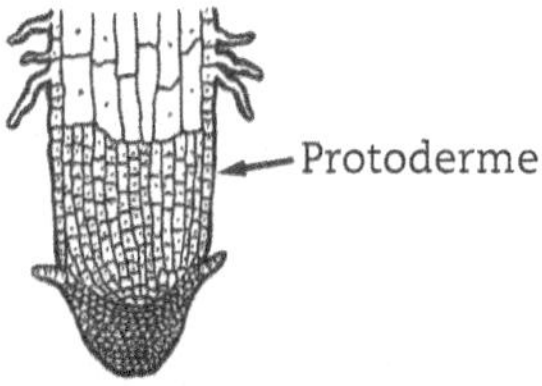

Protoderme

É a camada exterior do meristema apical das plantas vasculares que dará origem à epiderme de raízes, folhas e caule jovens. É a epiderme em estágio meristemático.

Protofloema

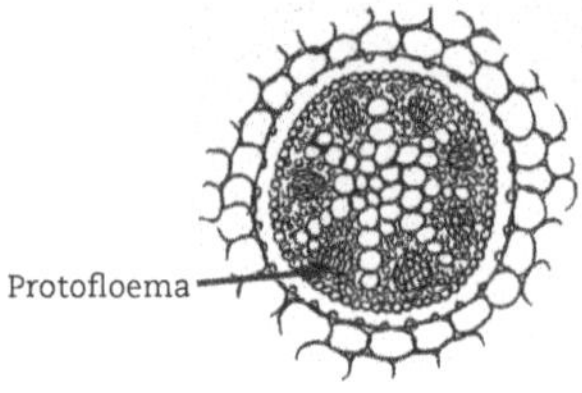

Primeira porção de floema primário a ser formado. Desenvolve-se antes que o órgão tenha completado seu crescimento longitudinal e quando, portanto, ele está sujeito a torções e tensões provocadas pelo alongamento dos tecidos adjacentes, que o tornam obliterado e logo param de funcionar.

Protoxilema

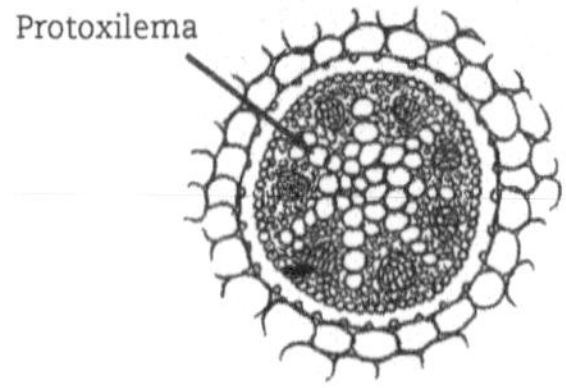

Constituído por células condutoras de menor diâmetro que primeiro se diferenciam (antes do metaxilema), e, consequentemente, adquire parede secundária lignificada precocemente.

Radícula

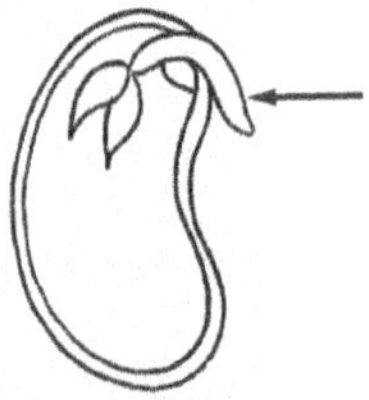

Raiz rudimentar do embrião, com grande capacidade de multiplicação. É a primeira parte do embrião que emerge, dando origem à raiz primária, possibilitando, assim, a fixação da planta em desenvolvimento no substrato.

Súber

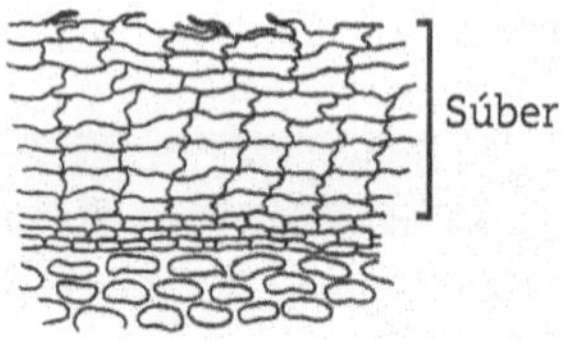

Tecido de revestimento existente nas raízes e caules de plantas arborescentes adultas, sendo formado por inúmeras camadas de células mortas. A morte celular, nesse caso, é devida à impregnação de grossas camadas de suberina (um material lipídico) nas paredes da célula. O súber possui a capacidade de armazenar ar, o que o torna um excelente isolante térmico, além de exercer um eficiente papel protetor nesses órgãos. Juntamente com o felogênio e a feloderme, constitui a periderme. Sinônimo de felema.

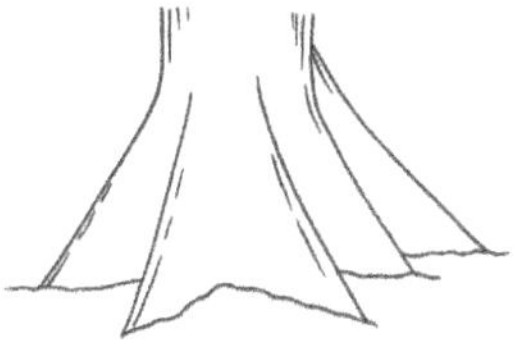

Tabulares ou sapopemas

São raízes achatadas como tábuas, encontradas em algumas árvores de grande porte. Essa raiz aumenta a estabilidade da planta no solo.

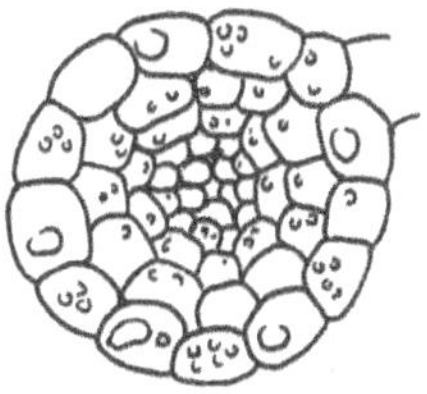

Tricoblasto

Célula formadora de pelos radiculares. Os tricoblastos se dividem tanto nas raízes corticais quanto nas externas, mas produzem tricomas apenas nas externas.

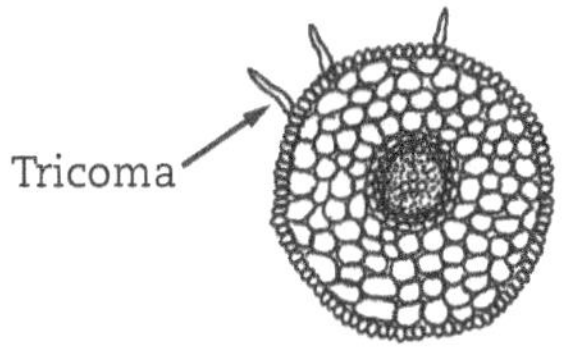

Tricoma

Projeção da epiderme das plantas na forma de pelos, escamas ou papilas. Auxilia na absorção de água e sais minerais, defesa, entre outras funções. Os tricomas podem ser classificados em tectores e glandulares.

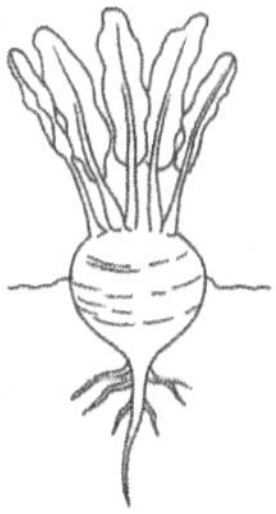

Tuberosa

Raiz especializada que cumpre a função de armazenar fibras e reservas nutritivas. É espessa e alargada, e desenvolve rebentos e raízes em cada extremidade. Suas raízes secundárias facilitam o transporte de água e nutrientes.

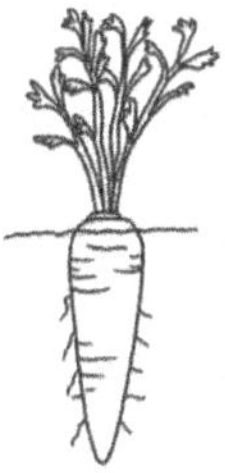

Tuberosa axial

Raiz em cujo eixo principal as reservas se acumulam.

Tuberosa fasciculada

Tipo de raiz em que as reservas se acumulam nas raízes secundárias.

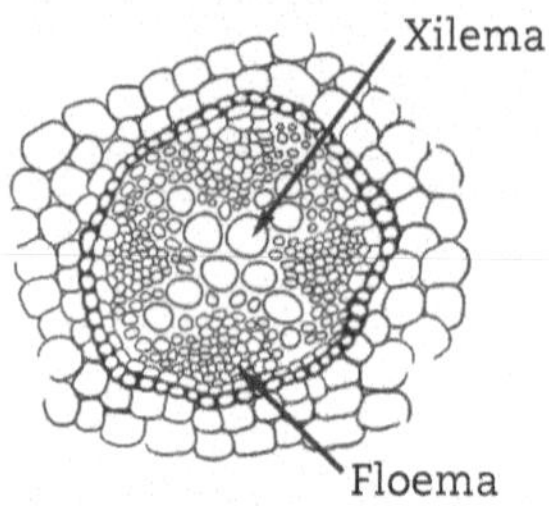

Xilema primário

Tecido vivo presente nas plantas vasculares e que se diferencia do procâmbio durante o crescimento primário.

Zona de ramificação

Local onde se localizam as raízes secundárias e que ajuda a raiz principal da planta a se fixar no solo.

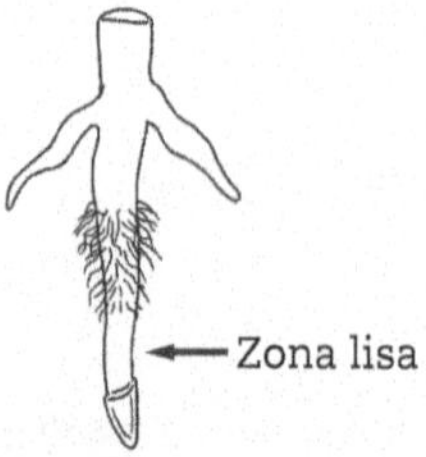

Zona lisa

Também denominada zona de crescimento, é a parte onde ocorre o alongamento vertical e crescimento da raiz.

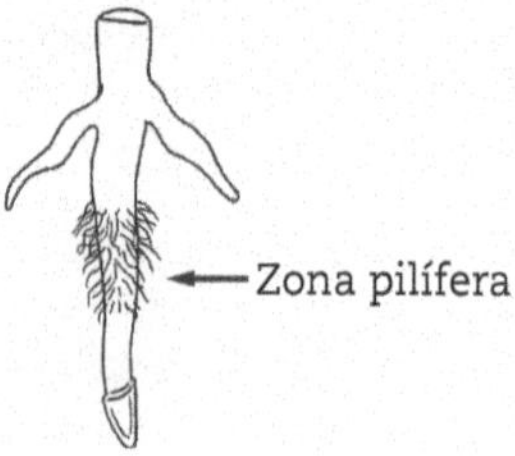

Zona pilífera

Região da raiz denominada como zona de absorção. Com a função de absorver água e sais minerais do solo, é caracterizada pela presença de pelos responsáveis por esse processo.

2 Caule

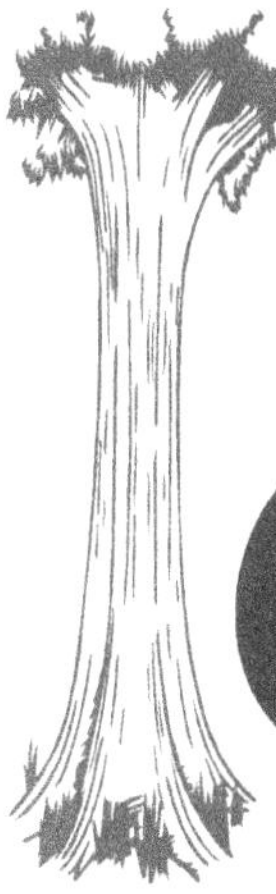

O caule é um órgão vegetativo, geralmente aéreo, que produz e sustenta as folhas, flores e frutos para a condução de água e sais minerais das raízes para a copa e de açúcares, aminoácidos, hormônios e outros metabólitos produzidos para as demais partes da planta. Além dessas funções básicas, alguns caules acumulam reservas de água e, às vezes, efetuam a propagação vegetativa, além de possuírem importância alimentar (reserva de açúcar, amido) e econômica (industrial, comercial, medicinal etc.).

Tem origem endógena, a partir da gêmula do caulículo do embrião da semente, ou exógena, a partir das gemas caulinares, além de crescimento e propagação vegetativa. Às vezes o caule realiza fotossíntese, tem o corpo dividido em nós e entrenós (ou internos), presença de folhas e botões vegetativos, em geral aclorofilados (exceto caules herbáceos), aéreos (exceto bulbos e rizomas) e com geotropismo negativo e fototropismo positivo.

A organização básica de um caule consiste num eixo com nós e entrenós. Nos nós existem folhas e gemas, residindo nesses caracteres a diferença fundamental entre a raiz e o caule. A gema existente no ápice de um eixo caulinar é a gema terminal, enquanto aquelas localizadas nas axilas das folhas (uma ou mais por axila) são denominadas gemas laterais ou axilares. Normalmente, a gema terminal é a mais ativa, e as laterais permanecem dormentes (ou latentes) pela dominância apical exercida pela primeira (através de hormônios do grupo das auxinas). À medida que aumenta a distância entre o ápice do caule e as gemas laterais, diminui a influência retardadora do ápice, e as gemas laterais podem se desenvolver. Por isso, a poda de ápices caulinares, prática comum dos jardineiros, resulta em plantas mais cerradas e ramificadas.

As gemas podem ser nuas, mas, principalmente em espécies de climas frios e temperados, elas são protegidas por folhas modificadas (catafilos) que caem em condições favoráveis, permitindo o desenvolvimento do meristema apical e folhinhas jovens. Uma gema, ao desabrochar, pode formar ramos com folhas, flores ou ambas.

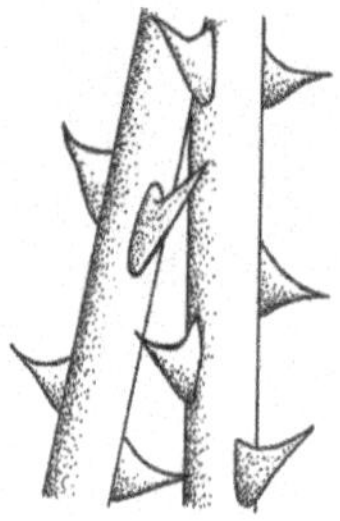

Acúleos

Formações epidérmicas rígidas e pontiagudas, facilmente removíveis e que não apresentam vascularização, ao contrário dos espinhos, que são lenhificados e dotados de tecido vascular. Podem ocorrer em vários órgãos da planta. Exemplo: roseira.

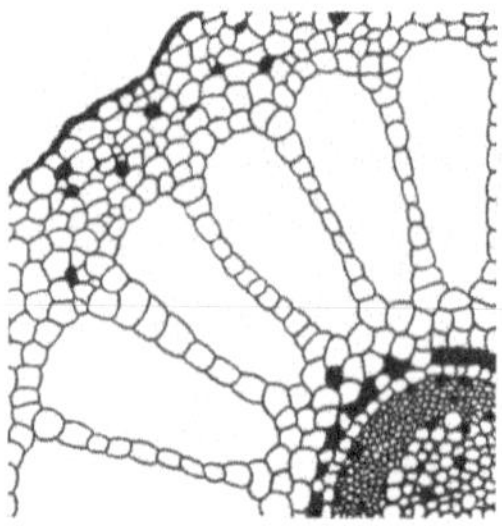

Aerênquima

Tecido parenquimático com grande quantidade de espaços entre as células e capaz de reter ar. Auxilia na flutuação e também contribui para a oxigenação dos tecidos, principalmente de plantas aquáticas. Além do caule, pode estar presente em outros órgãos da planta.

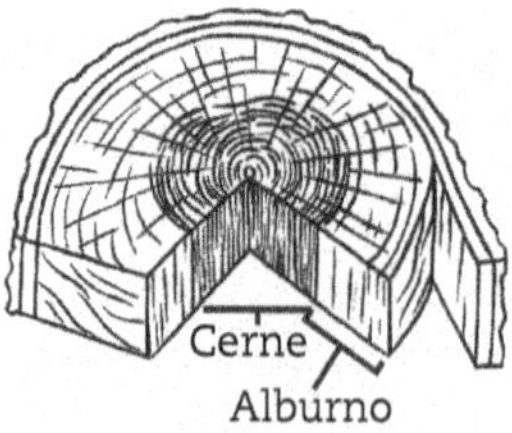

Alburno

Região do xilema secundário que se mantém funcional, com tecidos ainda condutivos do xilema. Normalmente usado em contraposição ao cerne.

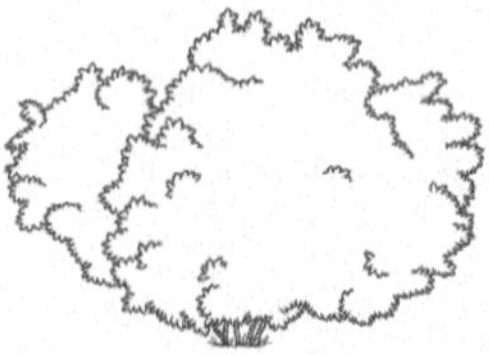

Arbusto

Planta com caule resistente e lenhoso na parte inferior e tenro e suculento na parte superior. Não há um tronco (fuste) definido porque um arbusto se ramifica a partir da base. Uma planta arbustiva não é definida por sua altura, pois podem existir arbustos mais altos que árvores.

Árvore

Em geral, planta com tronco nítido e despido de ramos na parte inferior (fuste), e a parte ramificada, superior, constitui a copa. Forma de crescimento comum em plantas terrestres lenhosas.

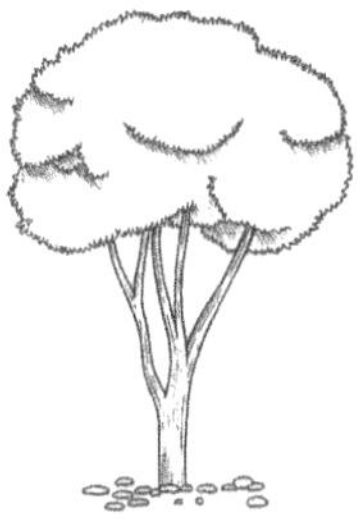

Arvoreta

Apresenta a mesma arquitetura da árvore, no entanto, são árvores de pequeno porte, usualmente com altura máxima de 3 m e tronco de até 5 cm de diâmetro, embora não exista consenso sobre os limites exatos dessa definição.

Bulbo

Caule comprimido formado por um eixo cônico que constitui o prato (caule), dotado de gemas, rodeado por catafilos suculentos ou bases foliares, em geral com acúmulo de reservas, tendo na base raízes fasciculadas.

Bulbo composto

Apresenta grande número de pequenos bulbos. Exemplos: trevo, alho.

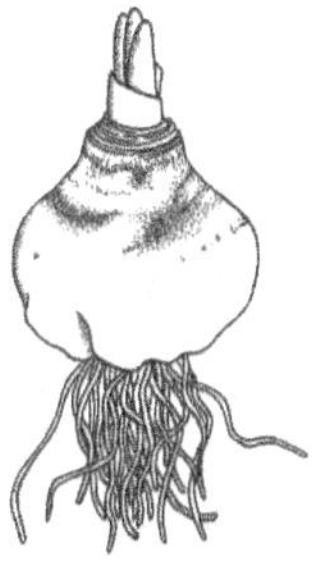

Bulbo escamoso

Caule em forma de prato, menos desenvolvido que as folhas (escamas) imbricadas rodeando-o. Exemplos: açucena, lírio.

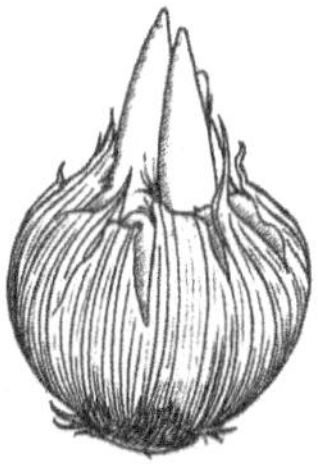

Bulbo sólido

Caule em forma de prato, mais desenvolvido que as folhas e revestido por catafilos semelhantes a uma casca. Exemplos: açafrão, falsa-tiririca.

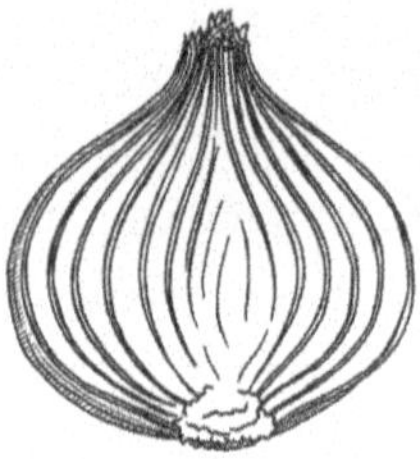

Bulbo tunificado

Folhas (túnicas ou escamas) mais desenvolvidas que o caule, em forma de prato. As túnicas concêntricas envolvem completamente o prato, e as túnicas internas são totalmente recobertas pelas externas. Exemplos: jacinto, cebola.

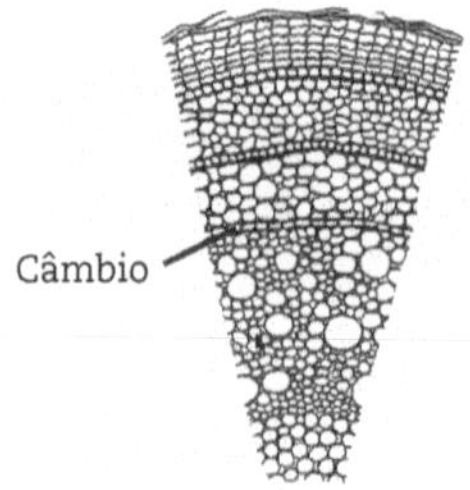

Câmbio

Meristema lateral que origina os tecidos vasculares secundários, xilema e floema secundários.

Casca

Parte superficial e protetora dos troncos, galhos e ramos, rica em cortiça e em tanino. Chama-se também de casca a região externa (conjunto de tecidos de revestimento) das raízes e dos caules, após o crescimento secundário que inclui o floema.

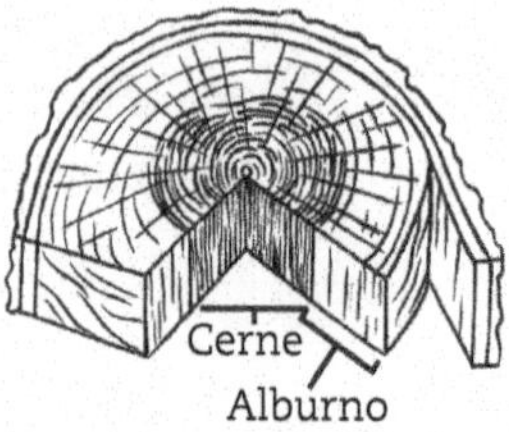

Cerne

Parte interna formada principalmente por tecidos mortos do xilema, deixando de ser funcional. Em geral, apresenta somente função de sustentação do corpo da planta.

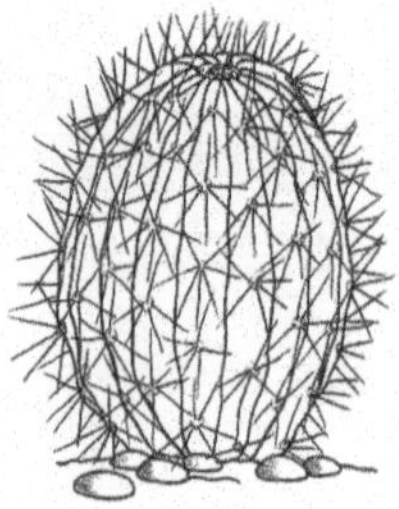

Cladódio

Caule achatado ou até laminar, geralmente fotossintetizante e de crescimento indeterminado. Costuma conter mucilagem que retém água. As folhas estão ausentes ou são rudimentares. Os cladódios achatados são chamados de filocladódios.

Colênquima

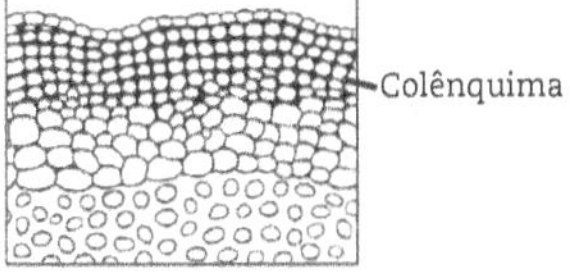

Tecido de sustentação com reforços de celulose em certos pontos, sobretudo nos ângulos das células ou ao longo de toda a parede celular.

Colmo

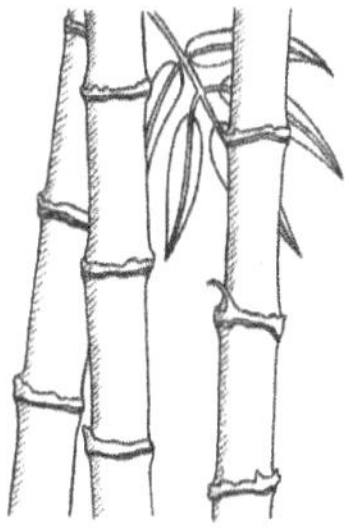

Estrutura caulinar cilíndrica, com nós e entrenós bem definidos. Pode ser cheio, oco ou fistuloso. Exemplos: cana-de-açúcar (cheio) e bambu (oco). Esse padrão de organização caulinar é frequente na maioria das gramíneas e ciperáceas.

Córtex

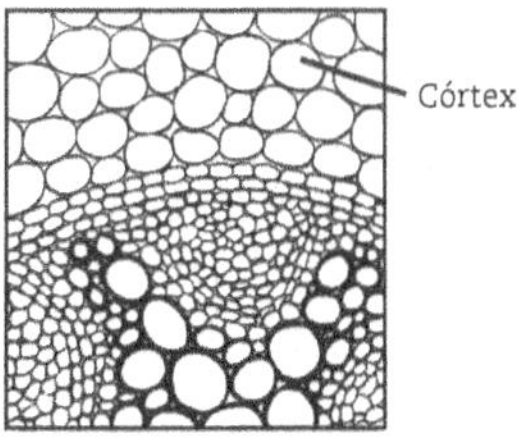

Conjunto de tecidos localizados entre o sistema vascular e a epiderme. Nele estão presentes os tecidos de sustentação, tais como colênquima e esclerênquima.

Endoderme

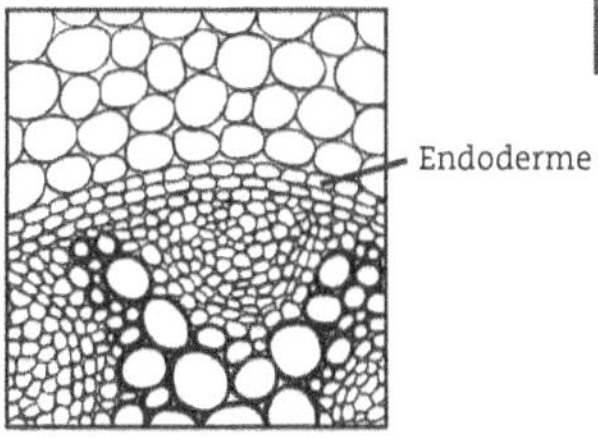

Última camada do córtex, da periferia para o centro, sendo a delimitação entre esse tecido e o cilindro central. Costuma ser pouco nítida nos caules. Nas raízes, é mais visível em plantas de pequeno ou nenhum crescimento secundário.

Entrenó (internó, internódio)

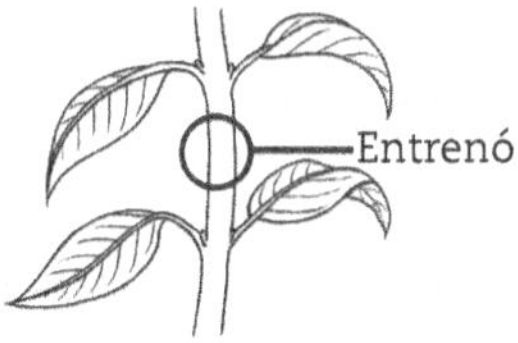

Região caulinar entre dois nós consecutivos, em geral pelo alongamento, resultando em um crescimento do eixo em comprimento. São particularmente nítidos nos caules das gramíneas. Em alguns caules, os entrenós geram um contraste marcante, pois podem ser bem diferentes dos nós em textura e cor.

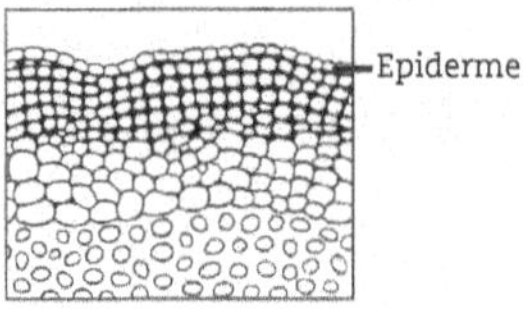

Epiderme

Originada da protoderme, é o sistema de revestimento adulto do caule e é constituída por tecido vivo, com as células reproduzindo-se por mitose, o que permite a sua distensão durante o crescimento em espessura do caule e de outros órgãos vegetais.

Erva

Planta, em geral, de pequeno porte, pouco desenvolvida, em virtude da pequena ou nenhuma lenhificação no caule. Este geralmente possui epiderme verde ou esverdeada.

Escapo

Pedúnculo geralmente afilo (sem folhas), não ramificado, podendo ser provido de escamas ou brácteas, e que sustenta flores ou inflorescências acima das folhas apicais. Ocorre em plantas cujo caule é muito reduzido ou subterrâneo, ou em acaules, e suas folhas aparentam nascer diretamente do solo. Pode se originar de um rizoma, bulbo etc.

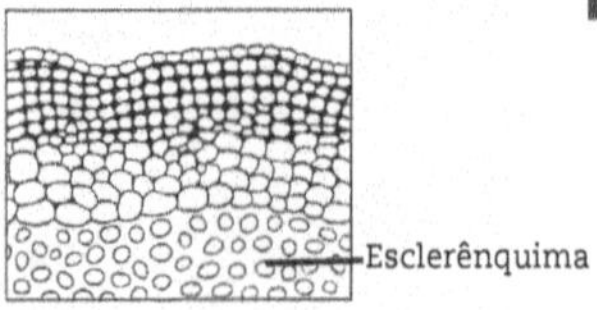

Esclerênquima

É um tecido composto por células com paredes secundárias muito espessas e lignificadas. Esse tecido é formado por células mortas na maturidade, com paredes espessadas de forma regular. Faz parte do sistema de sustentação da planta.

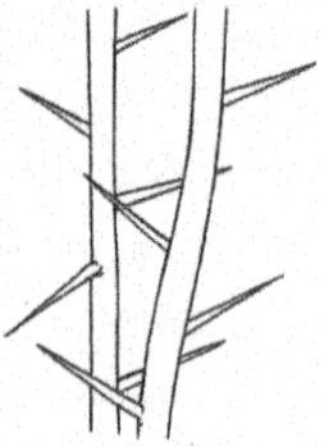

Espinho

Órgão endurecido e pontiagudo resultante da modificação de um ramo, uma folha, uma estípula, portanto, possui vascularização. Exemplo: limão.

Estipe

Caule lenhoso, resistente, mais ou menos cilíndrico, longo, em geral não ramificado, com capitel de folhas na extremidade apical. Termo especialmente usado para caule de palmeiras.

Estolão (ou estolho)

Tipo de caule mais ou menos delgado, em geral longo, e que cresce paralelamente à superfície do substrato (podendo ser acima ou abaixo dele), produzindo gemas de espaço em espaço. Essas gemas podem formar raízes adventícias e folhas, e originar, vegetativamente, novas plantas.

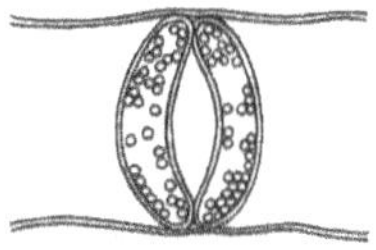

Estômato

Estrutura localizada especialmente na epiderme inferior das folhas, porém, também encontrada em menor número em pecíolos, em caules jovens e partes florais (pétalas, estames e gineceu). É constituído basicamente de duas células com reforço da parede entre as quais se encontra uma abertura pela qual são efetuadas as trocas gasosas entre a planta e o meio externo.

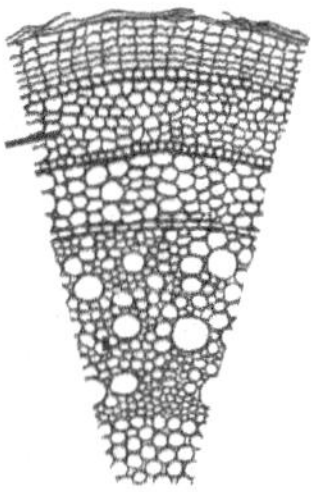

Feloderme

Tecido vivo de preenchimento e reserva, que se origina por divisão de células do felogênio em direção à parte interna da planta (divisões tangenciais). Apresenta células que podem armazenar compostos.

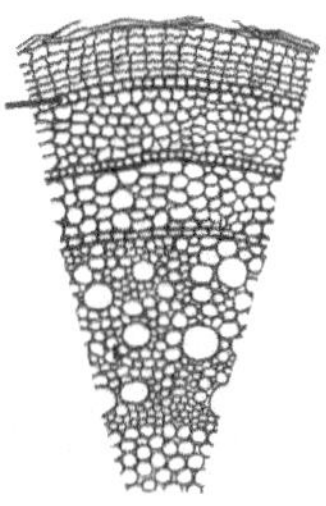

Felogênio

Tecido que gera o súber e a feloderme e, em conjunto com estes, forma um revestimento secundário, a periderme.

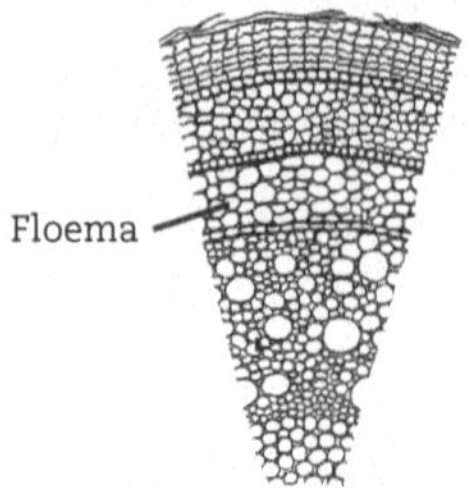

Floema

Formado por dois ou mais tipos de células, relaciona-se à condução de seiva elaborada no corpo da planta. Conjunto de elementos crivados, células parenquimáticas e fibras.

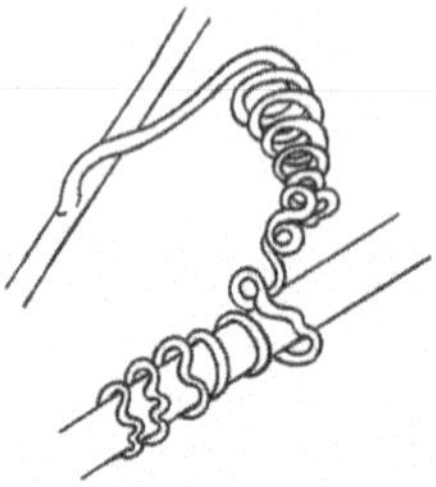

Gavinha

Órgão geralmente filamentoso, em geral nas axilas de folhas, aptos a trepar, enroscando-se, em hélice, em torno de suportes, ajudando na fixação da planta. As gavinhas podem ser folhas, caules e até mesmo raízes modificadas.

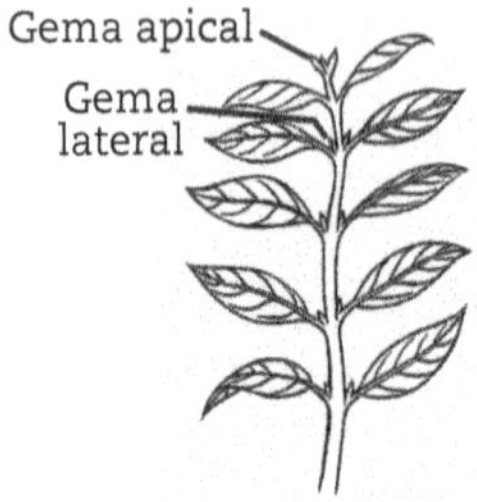

Gema apical

Situada no ápice, é constituída por escamas, ponto vegetativo (região meristemática, de forma cônica) e primórdios foliares que o recobrem. Pode produzir ramo foliar ou floral, além de promover seu crescimento. Há gemas nuas, isto é, sem escamas.

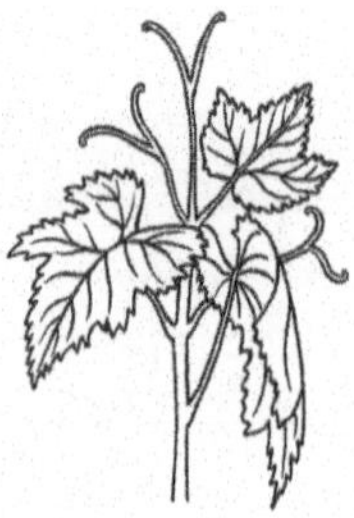

Haste

Tipo de caule não lenhoso ou fracamente lenhificado, de pequeno calibre e pouco resistente. Ocorre nas ervas e nos subarbustos. É usualmente fotossintético.

Herbáceo

Refere-se ao caule que tem porte e consistência de erva, principalmente por ser tenro, não lenhificado. Sua superfície (epiderme) é normalmente verde ou esverdeada. Embora as ervas sejam, em sua maioria, plantas de menor porte em relação às árvores, algumas podem alcançar tamanhos expressivos.

Lenhoso

Relativo ao lenho. Geralmente atribuído ao caule consistente e resistente, possuindo considerável crescimento em espessura (secundário) e tendo aspecto de madeira. Exemplo: árvores em geral.

Liana

Forma de vida vegetal que apresenta lenhificação, porém não consegue elevar o próprio peso. Exemplo: cipó-de-são-joão.

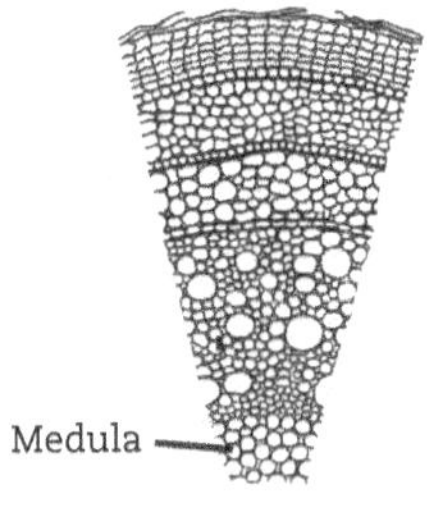

Medula

É constituída por um parênquima que ocupa a parte interna de caules e raízes de angiospermas, gimnospermas e algumas pteridófitas, limitado do lado exterior por feixes vasculares. Com frequência é um tecido pouco consistente, podendo por vezes ser reabsorvido e formar uma cavidade central oca.

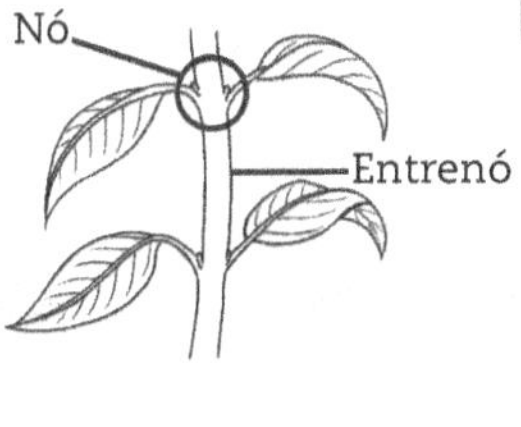

Nó

Região caulinar, em geral dilatada, de onde saem ramos, folhas etc., sendo ou não uma região distinta do restante do caule. Em nós podem ser encontrados gemas axilares e, em alguns grupos, raízes adventícias.

Parênquima

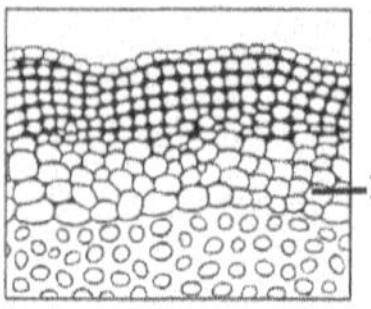

Tecido formado por células vivas, de paredes não muito espessas, encontrado em todos os órgãos da planta. Na raiz e no caule, esse tecido é encontrado formando o córtex e a medula. Pode ser incolor ou possuir pigmentos situados ou não em plastos. Eventualmente, podem formar paredes secundárias lignificadas.

Protoderme

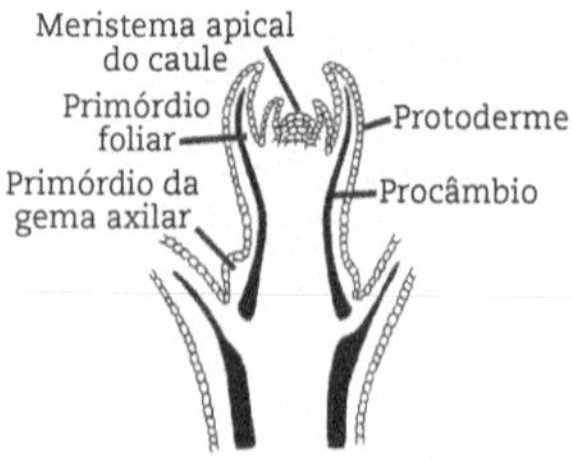

Tecido meristemático que dá origem à epiderme do caule, das folhas e raízes jovens. É derivada do meristema primário ou apical.

Rastejante

Tipo de caule rasteiro que cresce paralelamente ao solo, apoiando-se neste, podendo ou não emitir novas raízes.

Rizóforo

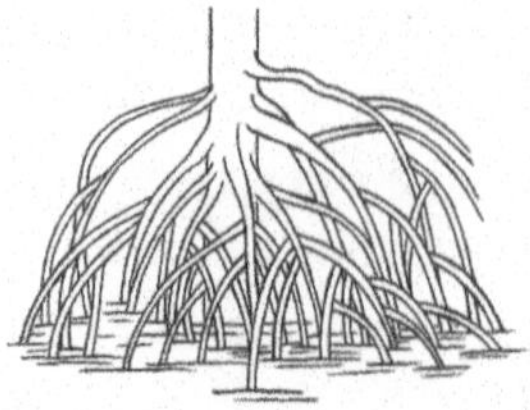

Estrutura aérea de natureza caulinar que apresenta geotropismo positivo (crescendo em direção ao solo), produzindo raízes adventícias ao longo do seu crescimento e auxiliando na sustentação do vegetal quando este se desenvolve sobre substrato instável.

Rizoma

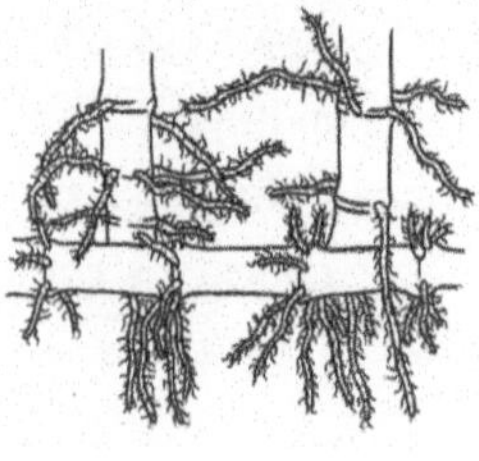

Caule frequentemente subterrâneo, em geral horizontal, rico em reservas e que cresce paralelo ao substrato, emitindo, de espaço a espaço, brotos aéreos folhosos e floríferos. É dotado de nós, entrenós, gemas e escamas, podendo emitir raízes adventícias.

Súber

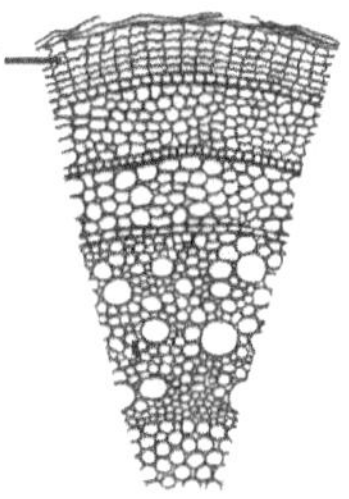

Tecido formado por células mortas na maturidade com a impregnação de suberina, e que constitui a parte externa da periderme. Presente nos caules e raízes mais velhos, quando espesso, o súber costuma ser poroso e leve. É o mesmo que felema e, quando muito expressivo, é chamado de cortiça (também chamado de ritidoma ou casca).

Sublenhoso

Termo geralmente atribuído à planta que possui caule parcialmente lignificado, sendo lenhoso na base, que é lenhificada, e tenro no ápice, ou seja, não lenhificado. Exemplo: crista-de-galo.

Subterrâneo

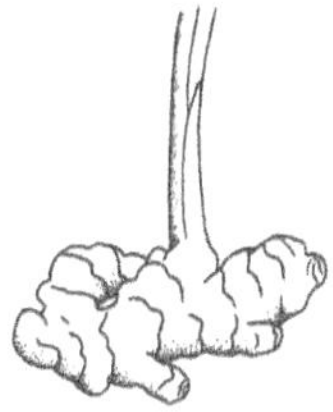

Tipo de caule que se desenvolve abaixo da superfície do solo, como ocorre no gengibre, bananeira, alho, cebola e batata-inglesa. Esses caules recebem usualmente três classificações: rizomas, bulbos e tubérculos.

Trepador

Termo atribuído a um tipo de caule aéreo de plantas que crescem sobre um apoio, sendo geralmente flexível. O caule trepador apresenta estruturas especializadas para de fixação ao suporte, tais como gavinhas, espinhos e raízes grampiformes.

Tricoma

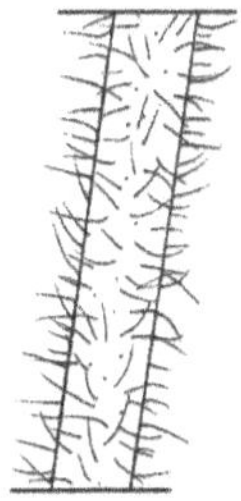

Projeção da epiderme das plantas na forma de pelos, escamas ou papilas. Auxilia na absorção de água e sais minerais, defesa, entre outras funções. Os tricomas podem ser classificados em tectores e glandulares.

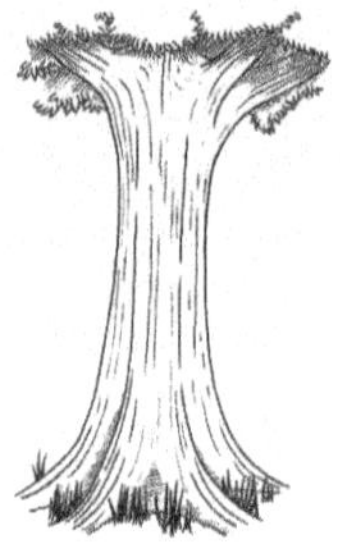

Tronco

Caule robusto, lenhoso, resistente, geralmente ramificado, e que se estreita em direção ao ápice. Ocorre frequentemente em árvores e arbustos.

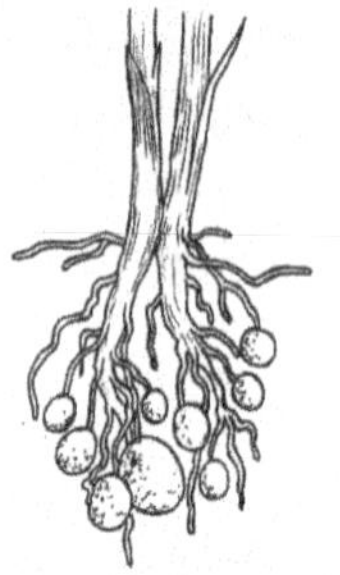

Tubérculo

Caule geralmente ovoide, com gemas ou "olhos" nas axilas de escamas ou de suas cicatrizes, capazes de produzir ramos e raízes. Geralmente é dotado de reservas nutritivas, como amido, inulina etc.

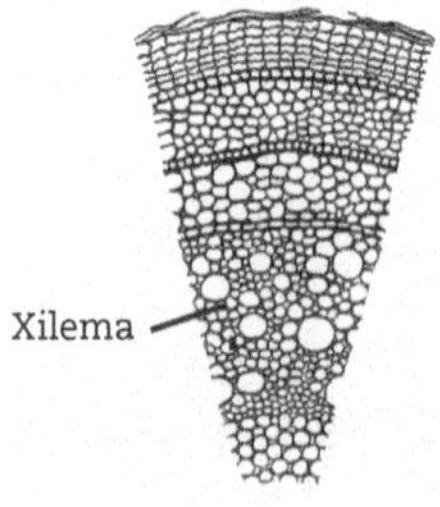

Xilema

Tecido complexo das plantas vasculares por onde circula a água com sais minerais dissolvidos, indo desde a raiz até as folhas.

3 Folha

As plantas verdes e umas poucas espécies de bactérias são os únicos organismos que usam a luz solar como fonte de energia; todos os outros organismos consomem as substâncias produzidas pelas plantas verdes. Nas plantas, as folhas são os principais órgãos para a síntese dessas substâncias, pois os cloroplastos, dentro das células das folhas, captam a energia luminosa e a convertem em energia química, através da fotossíntese. Desse modo, a forma da folha deve estar associada à captação da luz solar e à absorção do gás carbônico para a fotossíntese.

As folhas, em geral, são estruturas achatadas (finas e amplas), de forma que o tecido clorofiliano se torna responsável pela fotossíntese, respiração, transpiração, condução e distribuição da seiva. Levando em consideração que a transpiração excessiva pode levar à desidratação e até mesmo à morte da planta, em sentido amplo, a forma e a anatomia da folha devem possibilitar a captura de luz e a absorção de gás carbônico, evitando, contudo, a perda excessiva de água.

Ontogeneticamente, as folhas se iniciam como pequenas projeções cônicas, os primórdios foliares, que se localizam próximo ao meristema apical caulinar. Os primórdios foliares se originam por divisões periclinais nas camadas mais superficiais do ápice caulinar, tendo, assim, origem exógena. O crescimento dessa protuberância se processa inicialmente por atividades de um meristema apical, sendo logo substituídas pela atividade de um meristema intercalar. No primórdio, as células marginais da porção adaxial dividem-se rapidamente para dar origem à parte achatada da lâmina foliar. Esse crescimento marginal é suprimido na porção que dará origem ao pecíolo, como ocorre na maioria das eudicotiledôneas. Em muitas monocotiledôneas, o crescimento marginal é simultâneo ao apical. Somente algumas espécies possuem folhas com crescimento apical de longa duração. Algumas espécies possuem folhas que crescem por alguns anos antes de caírem, e outras, como uma samambaia frequente nas matas brasileiras, têm folhas com crescimento apical indeterminado, que se comporta como caule volúvel.

As modificações das folhas normais muitas vezes acontecem como consequência das funções que elas exercem ou por causa da influência do meio. Alguns exemplos são as folhas insetívoras, que aprisionam e digerem pequenos animais; os utrículos, formados por metamorfose foliar, em que a folha se converte em pequenas vesículas adaptadas à deglutição de pequenos animais aquáticos; os espinhos, que são folhas ou partes foliares espinhosas, endurecidas e pontiagudas; as gavinhas, que são órgãos filamentosos exclusivos para trepar, enroscando-se no suporte, resultantes da modificação total ou parcial das folhas; e folhas reservantes, ricas em reservas nutritivas.

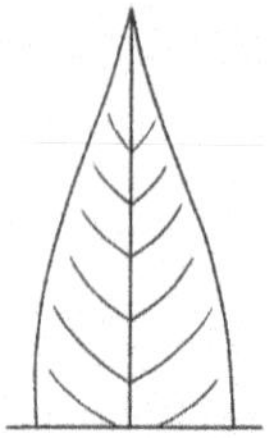

Acuminado

Quando o limbo se estreita gradualmente para o ápice, onde é formada uma ponta aguda e comprida.

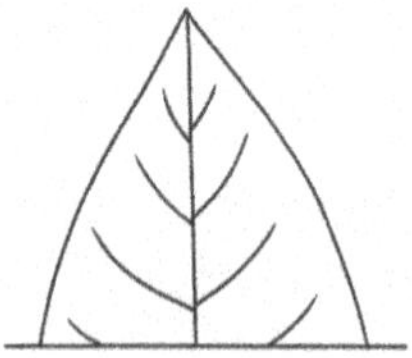

Agudo

Folha terminando em ângulo agudo, menor que 90°.

Alternada

Tipo de filotaxia em que as folhas estão inseridas uma em cada nó no caule, ou seja, normalmente a folha seguinte surge em posição diferente da anterior.

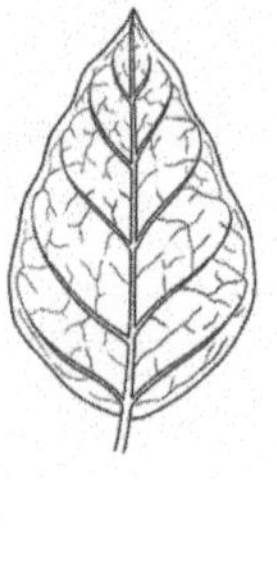

Anastomosado

Termo que define quando várias nervuras partem para todas as direções a partir das nervuras secundárias, e se fundem nas margens de um órgão laminar, como na folha, por exemplo.

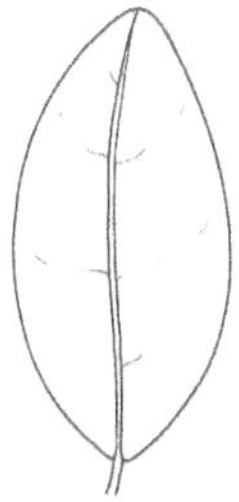

Aneura

Sem nervura ou com nervuras pouco visíveis. Apresentam funções variadas, desde defesa, por dificultar a locomoção dos predadores sobre as folhas com sua textura pilosa ou lanosa, até proteção contra a ação direta de raios solares e isolação térmica pela retenção de ar. Similar a enérveo.

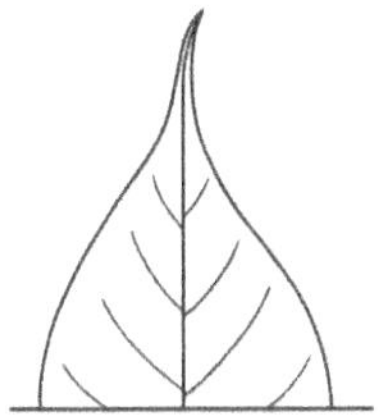

Aristado

Ápice que termina em apêndice duro e pontiagudo.

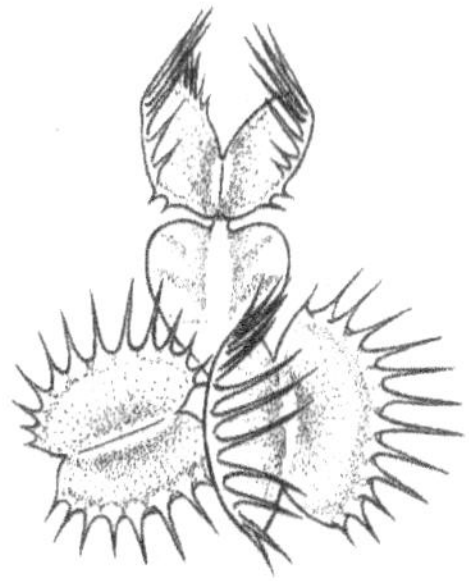

Ascídio

Órgão de origem foliar, em forma de urna ou jarro, em cujo interior existem glândulas secretoras de enzimas proteolíticas que digerem pequenos animais que penetram no seu interior e ficam aprisionados.

Atenuada

Folha cuja base ou ápice se estreita gradualmente.

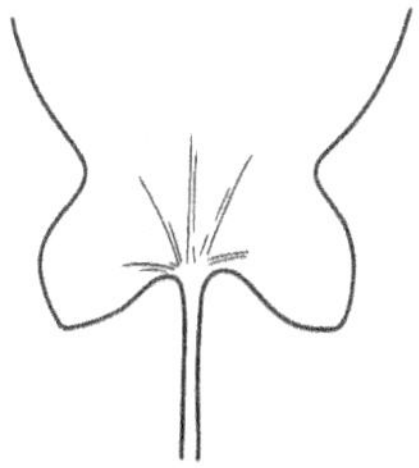

Auriculada

Folha cuja base termina por partes ou apêndices com forma de orelha.

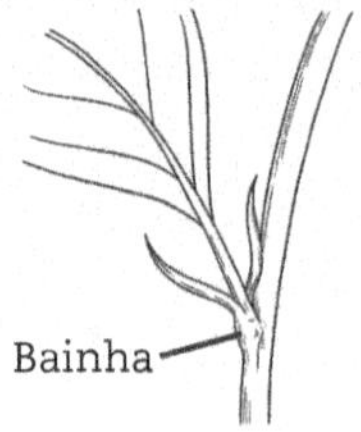

Bainha

Base da folha, em formato mais ou menos laminar, que pode envolver o caule total ou parcialmente.

Bainha fendida

Quando a bainha é desenvolvida em forma de tubo que apresenta uma fenda longitudinal oposta ao limbo.

Bainha inteira ou fechada

Quando a bainha é contínua, formando um estojo ou anel em torno do caule.

Base assimétrica

Quando as duas partes da base foliar não terminam num mesmo ponto do pecíolo, mas sim em alturas desiguais.

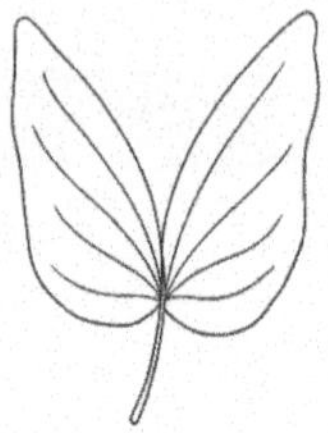

Bifoliolada

Folha que apresenta dois folíolos terminais. Folíolo é cada peça que compõe uma folha composta.

Bráctea

Folha modificada em cuja axila nasce uma flor ou uma inflorescência, em geral colorida, mas também pode ser verde.

Carnosa

Folha abundante em sulcos, normalmente apresenta reserva de água.

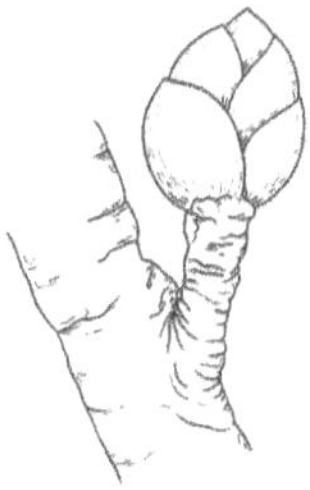

Catafilo

Folha reduzida, sendo, em geral, aclorofilada, simples, escamiforme. Compreende as escamas e, em alguns casos, também os cotilédones.

Cirroso

Ápice que forma uma projeção que se enrola.

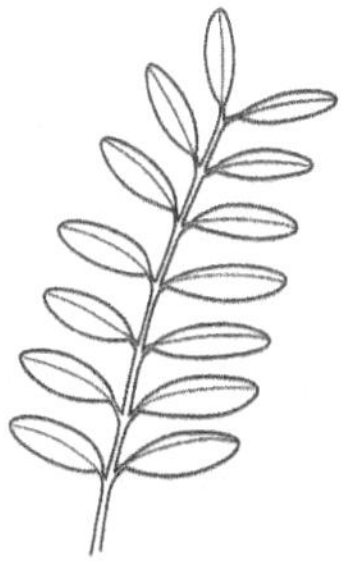

Composta

Quando apresenta limbo segmentado. Essa folha pode ser de vários tipos, conforme o número de folíolos, sendo estes cada uma das peças que compõe uma folha composta.

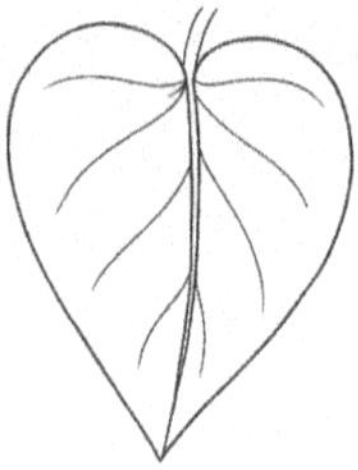

Cordada ou cordiforme

Base reentrante, com lobos arredondados na forma de coração.

Cotilédone

Folha de embrião, ocasionalmente armazena reservas para a germinação.

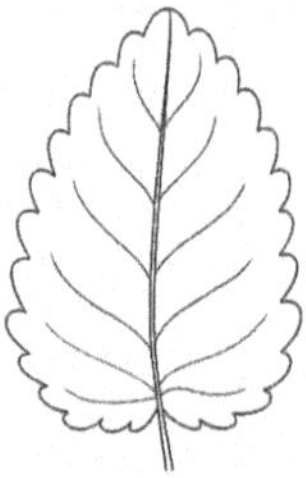

Crenada

Apresenta recortes simétricos, arredondados e superficiais.

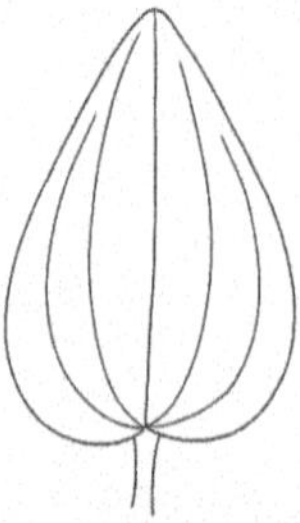

Curvinérvea

Quando o limbo apresenta mais de uma nervura principal e estas têm origem no mesmo ponto da base do limbo, acompanhando a nervura central, apresentando-se curvas e distanciadas na região mediana do limbo e convergindo para o mesmo ponto no ápice.

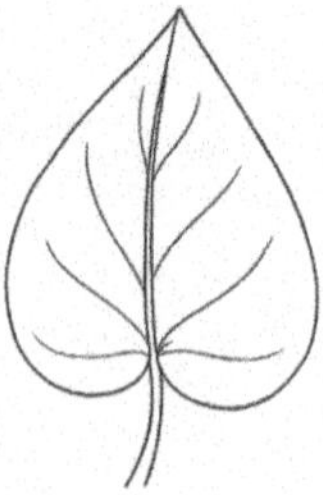

Cuspidado

Ápice terminando subitamente em ponta fina.

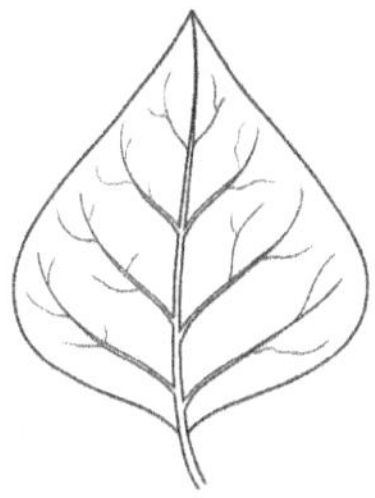

Deltoide

Em forma de delta, largamente triangular, tendo a base do triângulo conectada ao pecíolo.

Denteada

Apresenta recortes agudos, retos e simétricos.

Digitada

Geralmente com cinco folíolos presos na extremidade do pecíolo, lembrando uma mão.

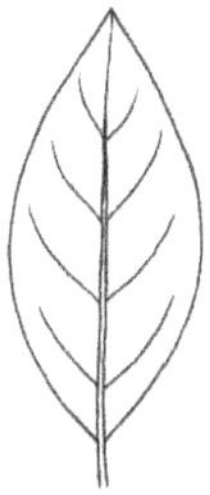

Elíptica

Folha mais larga na região mediana.

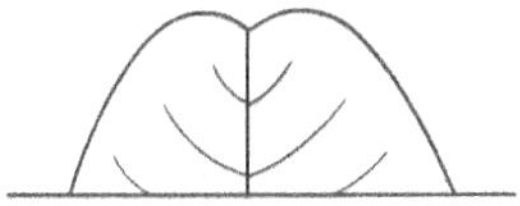

Emarginado

Ápice terminando com uma reentrância pouco profunda.

Enervada

Folha que não apresenta nervuras visíveis, por ser carnosa (muito espessa).

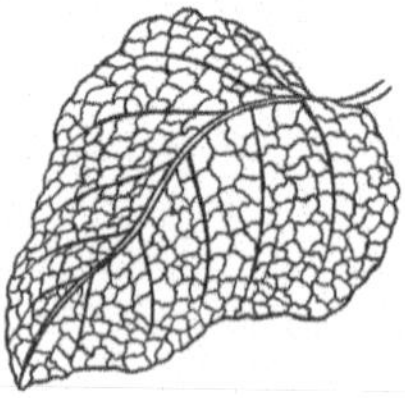

Enrugada

Folha com superfície encrespada.

Ensiforme

Forma de espada, longa, bordos paralelos, afilados.

Escama

Órgão foliáceo que forma uma consistência parecida com escamas, apresentando projeções epidérmicas.

Escamiforme

Forma e aspecto de escamas.

Espata

Tipo de bráctea presente em espécies que apresentam inflorescências do tipo espádice.

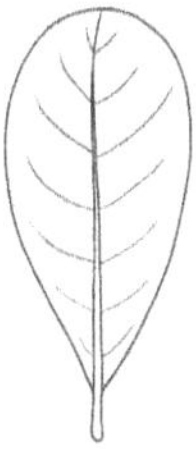

Espatulada

Forma de espátula, ápice mais largo, comprimento maior que o dobro da largura.

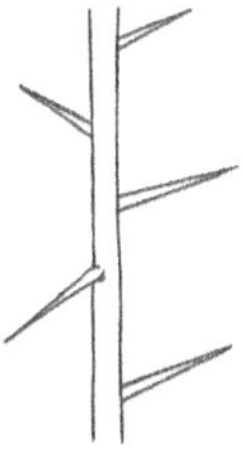

Espinho

Estrutura pontiaguda, dura e lenhosa. Em geral, é uma folha modificada.

Espinhosa

Margem da folha com espinhos grandes ou pequenos e abundantes ou escassos.

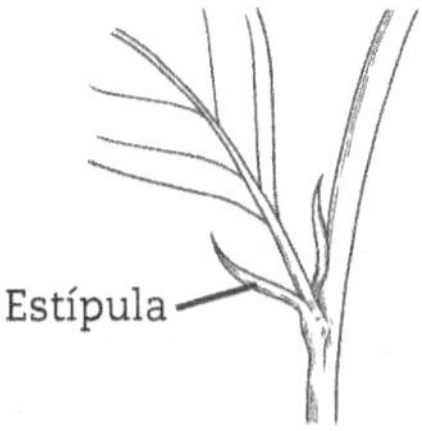

Estípula

Apêndice laminar, normalmente em número de dois, presente de cada lado da base das folhas, variando muito em forma e tamanho.

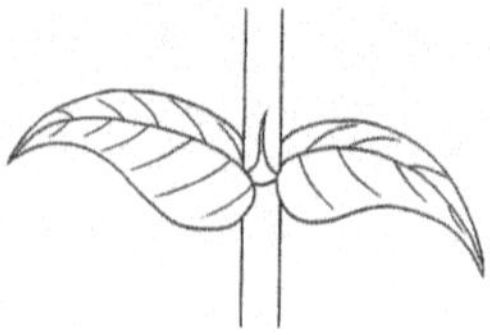

Estípula interpeciolar

Quando ocorre a fusão entre estípulas laterais de folhas opostas em um mesmo nó. Esse tipo de estípula passa a cobrir a região do nó entre os pecíolos de folhas opostas.

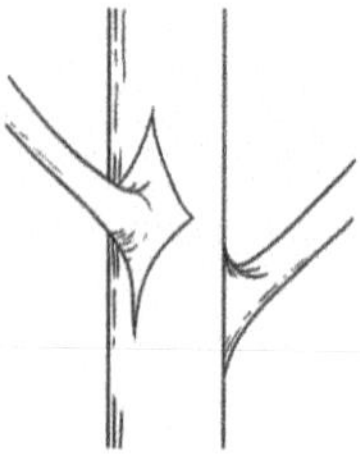

Estípula intrapeciolar

Quando as estípulas laterais de uma mesma folha se fundem durante seu desenvolvimento, cobrindo e protegendo a gema axilar.

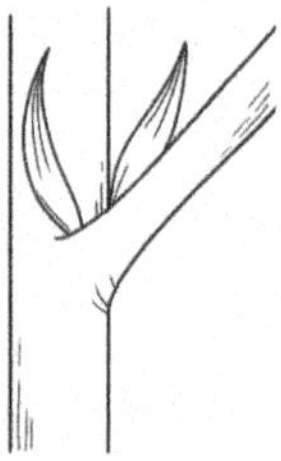

Estípula lateral

Frequentemente distribuída aos pares e livres, nas laterais da base das folhas.

Estípula terminal

Quando ocorre no ápice de caules e ramos, protegendo a gema apical e os primórdios foliares.

Falciforme

Em forma de foice, plana e encurvada.

Fasciculada

Tipo de filotaxia em que, no mesmo ponto do nó, há três ou mais folhas, reunidas em feixes.

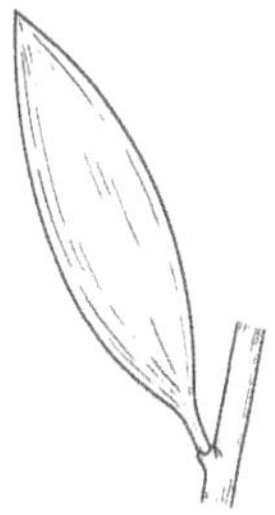

Filódio

Pecíolo ou caule laminar, achatado e fotossintetizante. Os filódios ocorrem em certos gêneros de plantas vasculares, substituindo as folhas na função de fotossíntese.

Filotaxia

Disposição das folhas no ramo.

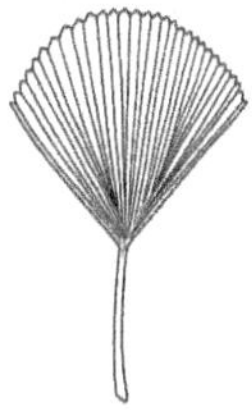

Flabelada

Folha com formato de leque.

Folha adunada

Formada por duas folhas sésseis e opostas fundidas pelo seu limbo.

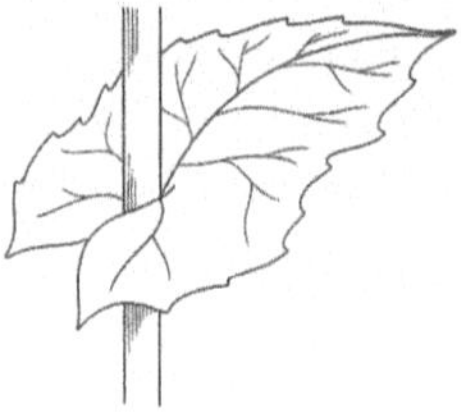

Folha amplexicaule

Folha cuja base do limbo abraça o caule.

Folha fenestrada

Quando a folha possui limbo com perfurações.

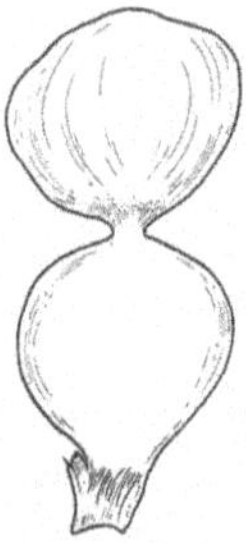

Folha flutuante

Folha metamorfoseada onde o pecíolo desenvolve aerênquima (tecido de reserva de ar), promovendo a flutuação da planta.

Folha incompleta

Quando falta uma das três principais partes constituintes.

Folha imparipinada

Quando a folha termina com um folíolo no ápice da raque (ráquis), ou seja, termina com um número ímpar de folíolos.

Folha inteira ou lisa

Quando a margem da folha se apresenta lisa e sem recortes ou reentrâncias (indentações).

Folha invaginante

Possui base que envolve o caule em grande extensão.

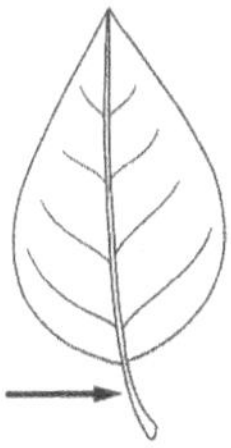

Folha peciolada

Folha que apresenta pecíolo.

Folha perfolhada ou perfoliada

Folha que envolve totalmente o caule de forma a parecer soldada a ele.

Folha recomposta

Folha que apresenta folíolos compostos, isto é, divididos em pequenas peças chamadas de foliólulos. Nesse caso, a folha é duplamente composta. É o mesmo que bicomposta.

Folha séssil

Folha sem pecíolo.

Lanceolada

Em forma de lança, mais larga no meio ou perto da base, geralmente se estreitando nas extremidades, com comprimento maior que o dobro da largura.

Lígula

Tipo de apêndice de natureza estipular, quase sempre membranoso, que se acha principalmente entre o limbo e a bainha.

Limbo

Parte laminar e bilateral da folha, em geral achatada e ampla, onde se tem uma maior área para captação de luz solar e gás carbônico. O limbo é responsável pela maior parte da área foliar fotossintética.

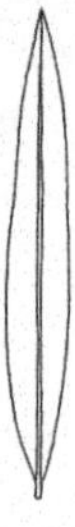

Linear

Folha com forma estreita e comprida, bordos paralelos ou quase, comprimento acima de quatro vezes a largura.

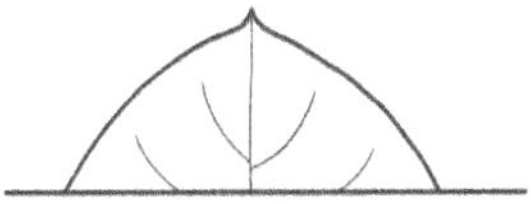

Mucronado

Quando o ápice termina subitamente em ponta curta, dura e isolada.

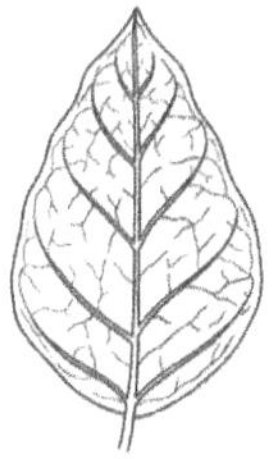

Nervura

Conjunto de elementos condutores mecânicos, em geral com grande nitidez nas folhas, sobretudo na sua face inferior.

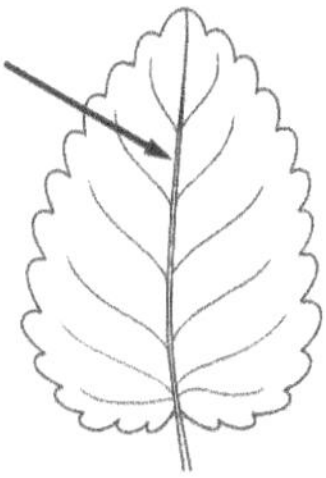

Nervura principal (primária, mediana ou central)

Geralmente, apenas uma nervura se destaca como maior e central, sendo mais evidente.

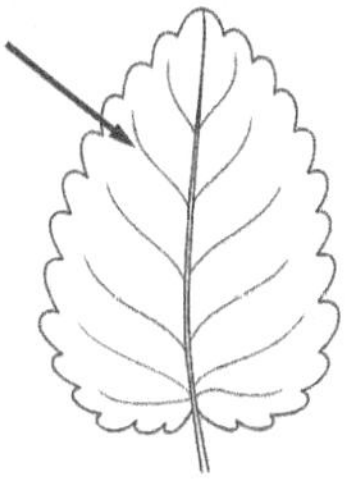

Nervuras laterais (secundárias)

Nervuras que surgem a partir de ramificações da nervura central e terminam junto à margem ou desaparecem ao longo da lâmina foliar, ou que surgem da base da folha de uma veia primária em direção à margem ou seguindo em arcos em direção ao ápice.

Oblíqua

Folha com base assimétrica, terminando em lados desiguais.

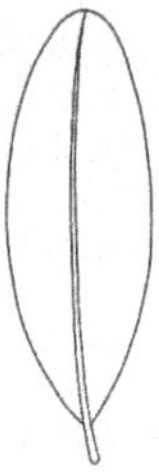

Oblonga

Quando os lados da folha são mais ou menos paralelos.

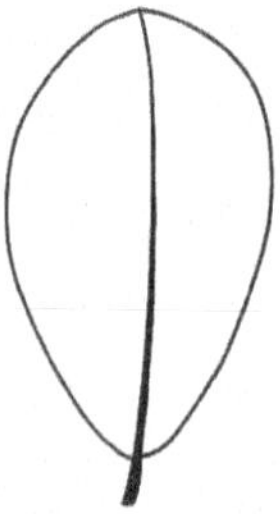

Obovada

Quando a porção é mais larga próximo ao ápice.

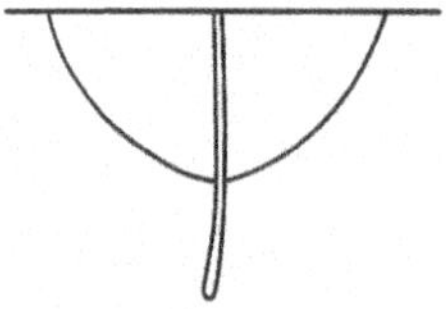

Obtusa

Quando a base da folha termina em ângulo obtuso.

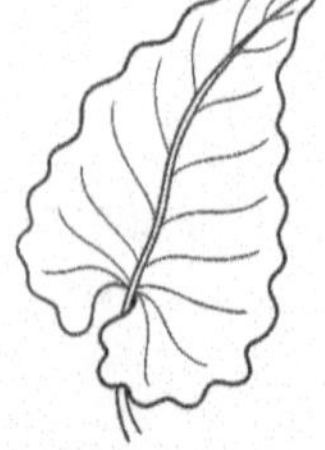

Ondulada

Quando apresenta ondulações.

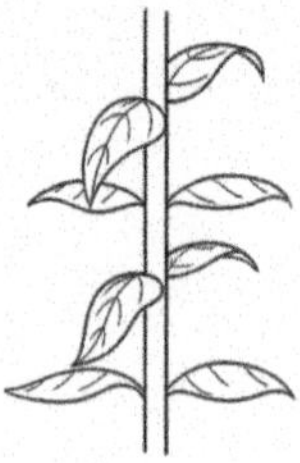

Oposta cruzada ou decussada

Tipo de filotaxia em que um par de folhas está em situação cruzada com o subsequente, assim, entre cada par forma-se um ângulo de 90°.

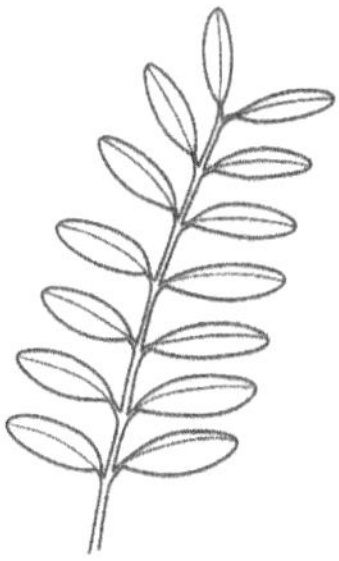

Oposta dística

Tipo de filotaxia em que duas folhas se encontram aos pares em cada nó.

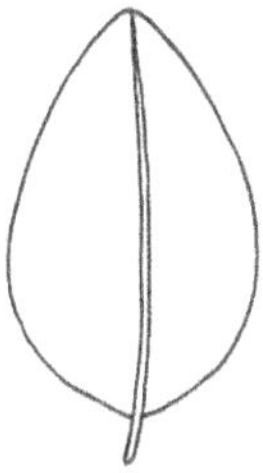

Ovada

Folha mais larga próximo à base.

Palminérvea (digitinérvea ou palmatinérvea)

Quando duas ou mais nervuras primárias e laterais se originam no mesmo ponto da base do limbo, abrindo-se e irradiando-se sem se encontrarem no ápice.

Paralelinérvea

Quando duas ou mais nervuras secundárias, igualmente espessadas, seguem paralelamente (de forma não arqueada ou levemente arqueada) à nervura central.

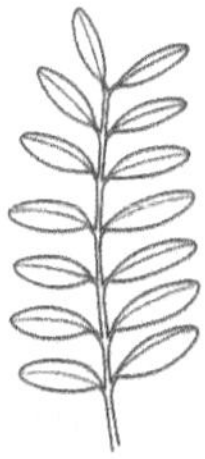

Paripinada

Quando a folha termina com um par de folíolos.

Pecíolo

Estrutura que sustenta a folha e serve para fazer a ligação entre a lâmina da folha (porção laminar) e o caule. Geralmente auxilia na sustentação da lâmina, ao mesmo tempo em que é flexível.

Peciólulo

É o pecíolo dos folíolos das folhas compostas.

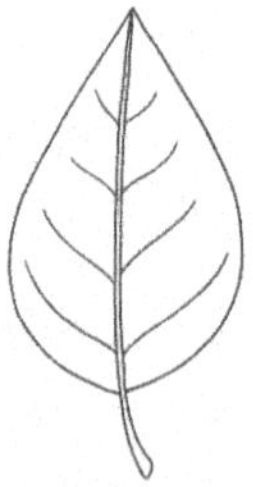

Peninérvea

Quando as nervuras secundárias se originam ao longo da nervura primária (central) de maneira regular e espaçada, semelhante a uma pena.

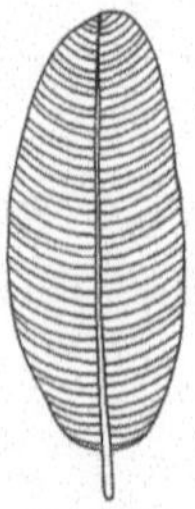

Peniparalelinérvea

Representa uma variação entre dois tipos: peninérvia e paralelinérvia, na qual a nervura principal se destaca das demais seguindo o sentido base-ápice, com as nervuras secundárias longas e paralelas entre si, ramificando-se de forma levemente inclinada, quase perpendicular à nervura principal.

Pinadas

Folhas com mais de três folíolos saindo de vários pontos na raque (ráquis) central.

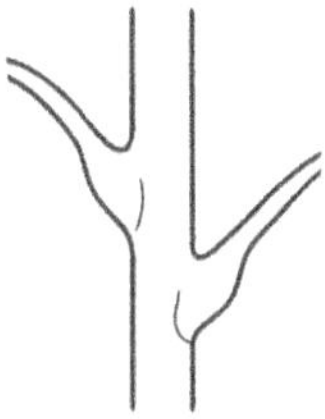

Pulvino

Pequena intumescência situada na base do pecíolo de muitas plantas, próximo ao ponto de inserção no caule e que, pela variação da turgescência, pode provocar movimentos nas folhas.

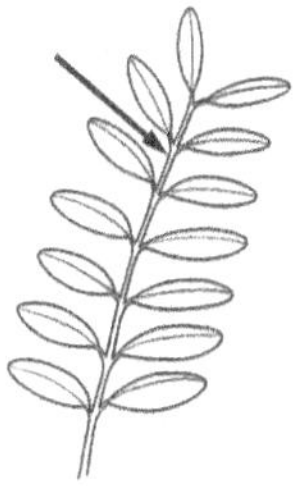

Raque

É a denominação dada à nervura central da folha pinada, compreendendo a porção entre o ápice do pecíolo e a base do folíolo superior. É também usado para designar o eixo principal de uma inflorescência.

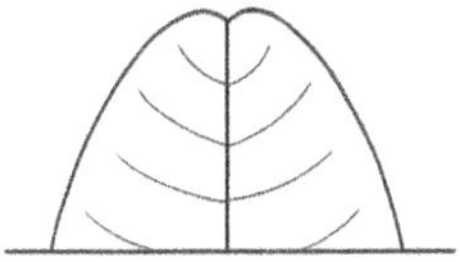

Retuso

Refere-se ao ápice truncado e emarginado (ligeiramente) da folha, que às vezes apresenta um apículo central.

Rosulada ou em roseta

Tipo de filotaxia em que as folhas estão dispostas em forma de roseta. As folhas são inseridas na base ou ápice do caule curto, bem próximo ao nível do solo, e encontram-se muito próximas, por possuírem entrenós muito curtos, dando uma aparência de roseta basal.

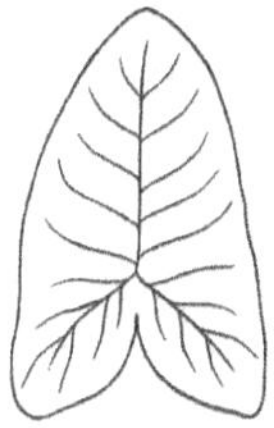

Sagitada

Quando as nervuras secundárias se originam ao longo da nervura primária (central) de maneira regular e espaçada, semelhante a uma pena.

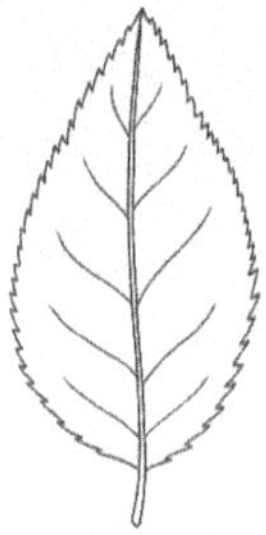

Serreada

Quando a margem da folha se encontra dividida em pequenos lobos agudos direcionados para o ápice.

Simples

Folha que apresenta o limbo único e contínuo, não dividido em lâminas menores.

Trifoliolada

Folha com três folíolos saindo do mesmo ponto.

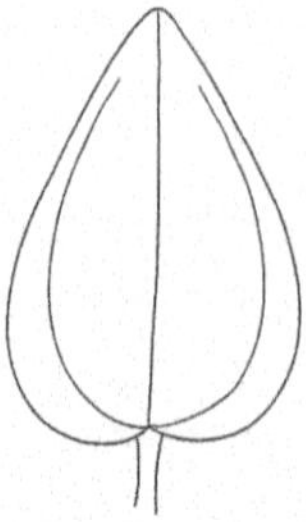

Trinérveo

Quando o limbo apresenta três nervuras principais com origem na sua base e que seguem mais ou menos paralelamente.

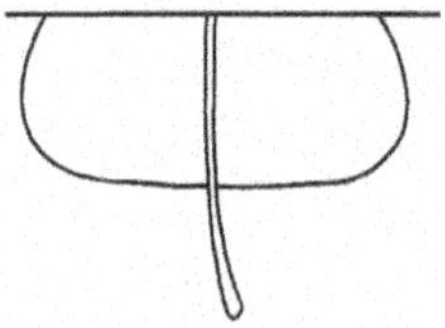

Truncado

Ápice ou base da folha que parece ter sido cortado(a) em plano transversal.

Unifoliolada

Folha com um único folíolo.

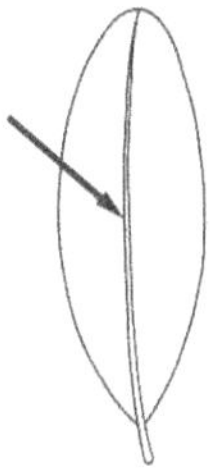

Uninervada (uninérvea)

Quando o limbo evidencia apenas a nervura principal.

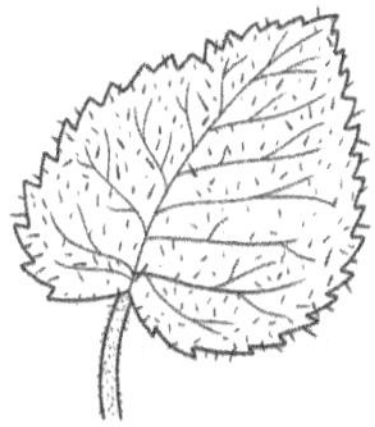

Urente

Folha que é coberta com pelos urticantes, podendo causar irritação na pele ou mucosas.

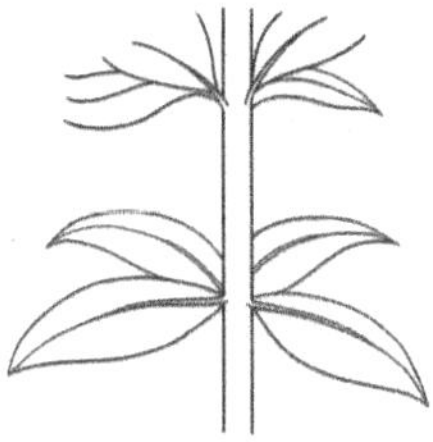

Verticilada

Tipo de filotaxia em que três ou mais folhas se dispõem no mesmo nó, formando um verticilo foliar.

4 Flor

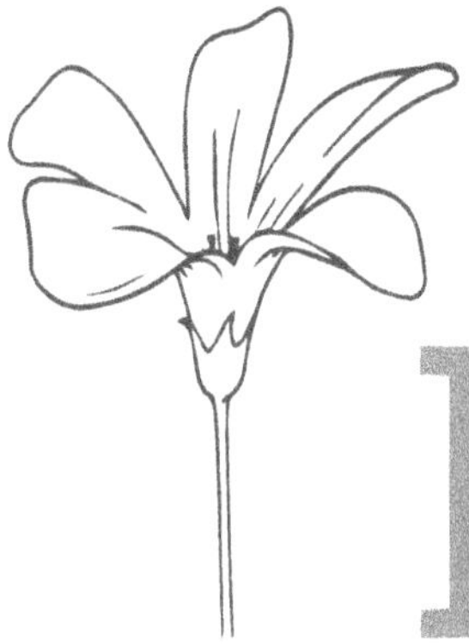

A flor é o órgão sexual reprodutivo das angiospermas, de extrema importância para a variabilidade genética. É geralmente a parte da planta que chama mais atenção e pode apresentar forma, cor e perfume variados. Tal variedade de atributos pode estar relacionada à forma como ocorre a polinização, contribuindo para a fecundação dos gametas e a perpetuação da espécie.

Cada flor que aparece periodicamente nos ramos foliares é um sistema de reprodução formado pela reunião de folhas modificadas presas ao receptáculo floral, que possui formato de um disco achatado e é onde geralmente se inserem os demais elementos florais, verticilos florais, tais como cálice (formado por sépalas), corola (formada por pétalas), androceu (formado por estames) e gineceu (formado pela fusão de folhas carpelares).

São vários os agentes polinizadores que proporcionam o transporte do pólen de uma flor a outra, permitindo a fecundação dos gametas. A polinização, além de ser realizada pelo vento e/ou água, pode ser realizada por abelhas, borboletas, mariposas, moscas, besouros, vespas e outros invertebrados, e também por anfíbios, répteis, aves e mamíferos. Assim, os polinizadores promovem a fecundação e, em contrapartida, as flores podem fornecer alimento, abrigo, material para construção de ninho, local para acasalamento etc. Mais de 80% de todas as espécies de plantas com flores e aproximadamente $^{2}/_{3}$ dos cultivos agrícolas do mundo dependem de agentes polinizadores. Eles também são essenciais para a manutenção de populações de plantas em todo o mundo.

Vale ressaltar que os inseticidas, além de matar as pragas agrícolas, também matam os agentes polinizadores, cujo auxílio as plantas nativas requerem, ao longo dessas rotas de migração, para aumentar a produção de sementes. Sem flores, é difícil manter a perpetuação das espécies de angiospermas, causando, assim, escassez de alimentos; por isso, a sobrevivência dos seres humanos seria quase impossível. Portanto, faz-se necessário garantir a existência das flores, bem como dos agentes polinizadores, que dependem de plantas nativas e seus hábitats para viver e se alimentar.

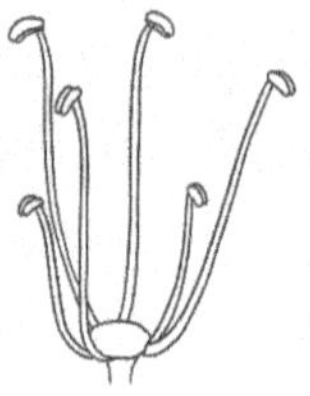

Aclamídia

Flor desprovida de perianto, cálice e corola. É sinônimo de gimnanto.

Actinomorfa

Corola ou flor inteira com simetria radial, ou seja, apresenta mais de um plano de simetria.

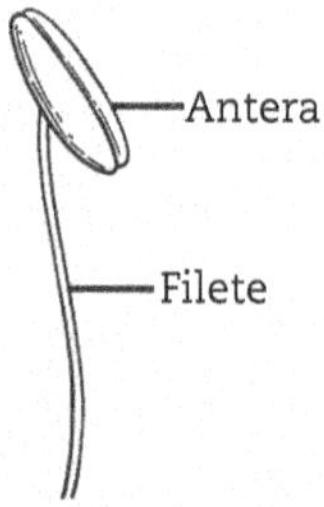

Androceu

Parte masculina da flor, onde cada unidade é chamada de estame, e cada estame divide-se em filete, conectivo e antera.

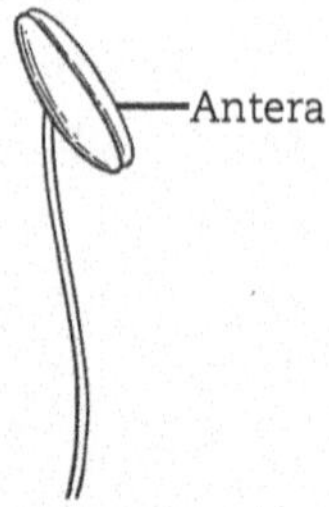

Antera

Porção apical do estame, de forma e tamanho variados, onde se formam os sacos polínicos, dentro dos quais se dá a formação de grãos de pólen. No geral, a antera possui duas tecas que se abrem de diferentes formas para liberar os grãos de pólen.

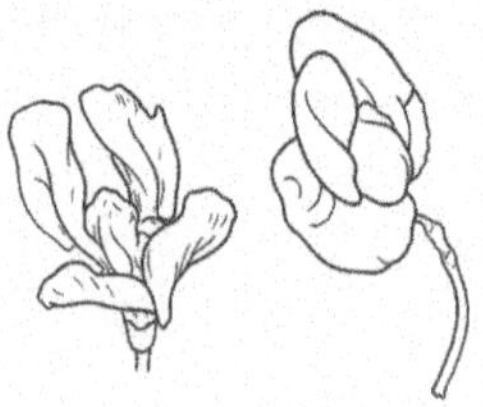

Assimétrica

Sem plano de simetria, ou seja, não pode ser dividida em partes iguais.

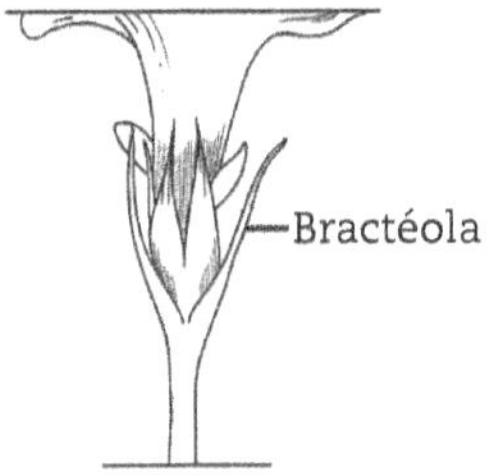

Bractéola

Pequena bráctea, folha modificada, que ornamenta uma unidade floral.

Cacho

Tipo de inflorescência em que flores providas de pedicelos se inserem ao longo de um eixo central.

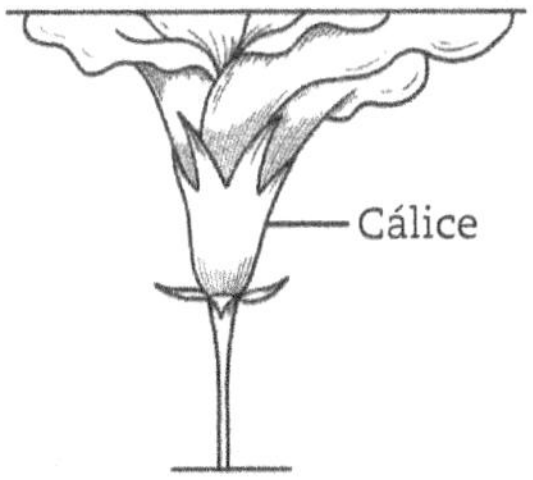

Cálice

Conjunto de sépalas de uma flor. Faz parte do verticilo floral vegetativo e usualmente envolve a flor em desenvolvimento, botão.

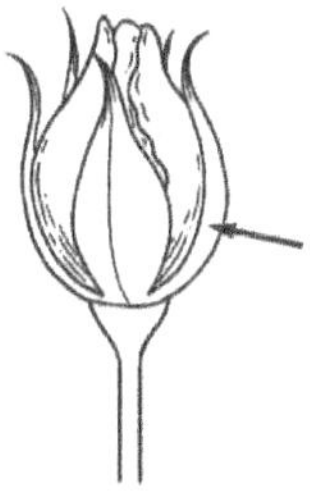

Cálice dialissépalo

Quando as sépalas são livres entre si.

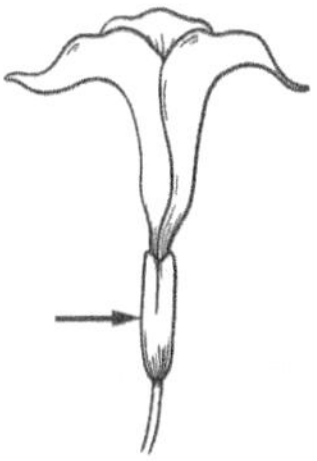

Cálice gamossépalo

Quando as sépalas são unidas entre si.

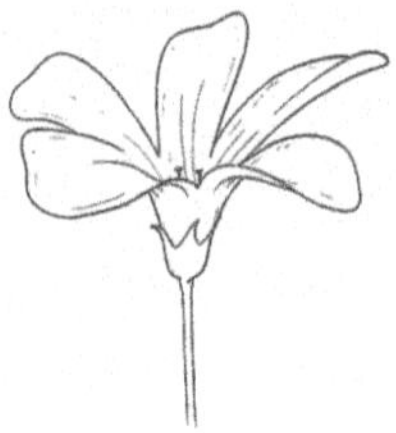

Diclamídeas

Flores que apresentam os dois verticilos estéreis, sépalas e pétalas.

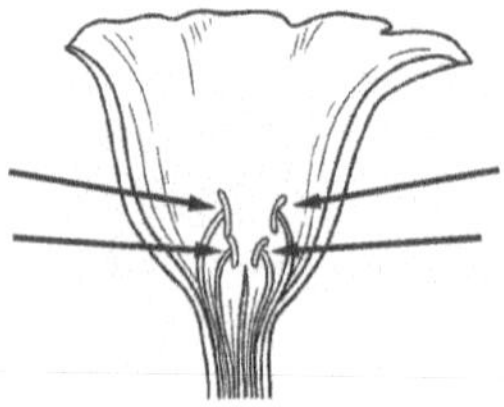

Didínamos

Quando há dois pares de estames com comprimentos diferentes, ou seja, um par de estames é maior do que o outro.

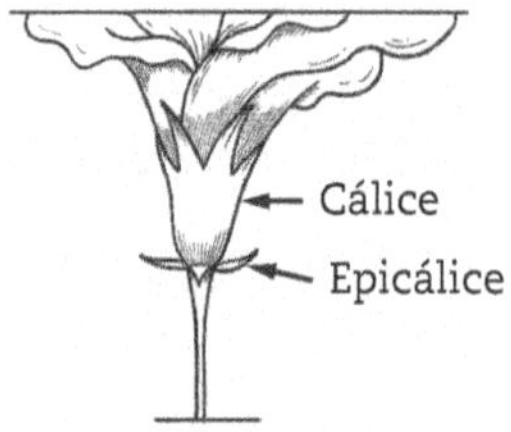

Epicálice (calículo)

Estrutura similar ao cálice, formada por brácteas ou bractéolas e situada em uma posição mais basal e externa àquele, o que faz parecer que a flor apresenta dois cálices.

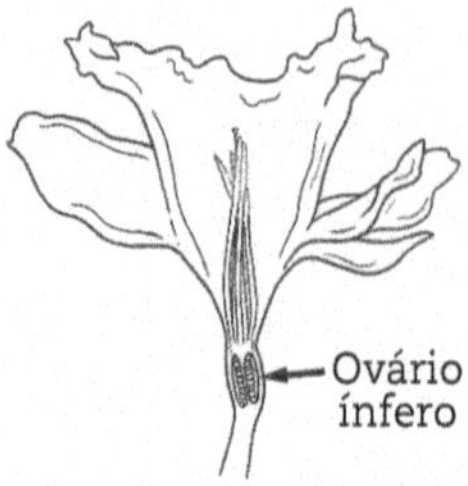

Epígina

Quando os verticilos florais estão inseridos em um receptáculo côncavo acima do gineceu, totalmente concrescido com o ovário em todo o seu comprimento. Nesse caso, a flor possui um ovário ínfero.

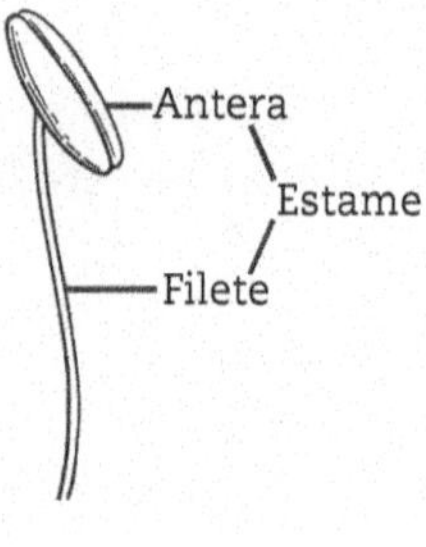

Estame

Corresponde ao órgão masculino da flor, composto por antera, conectivo e filete.

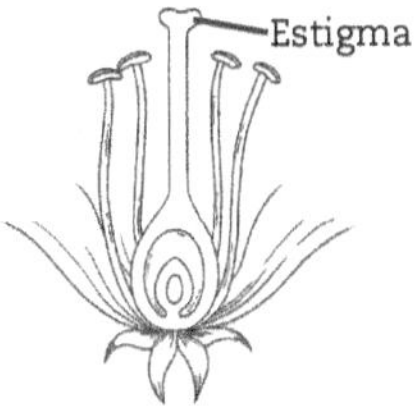

Estigma

Porção distal de um pistilo, geralmente glandulosa e diferenciada, receptiva aos grãos de pólen transportados por agente polinizador.

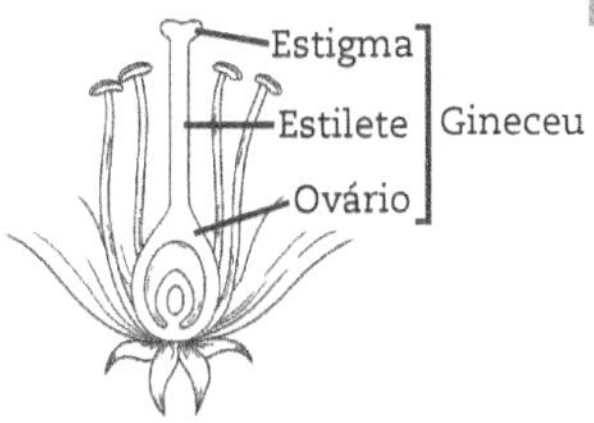

Gineceu

Porção feminina da flor, conjunto de um ou mais carpelos.

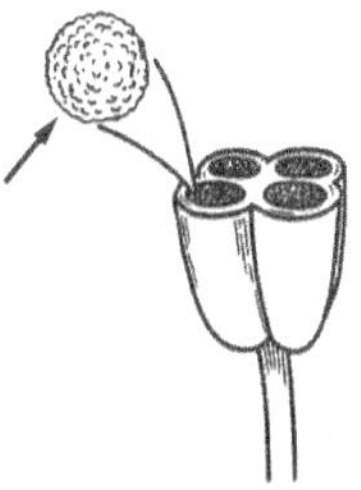

Grão de pólen

Representa a estrutura reprodutiva masculina das fanerógamas, e é produzido por meiose no microsporângio, ou seja, o micrósporo que contém o gametófito masculino. Em geral, tem coloração amarelada.

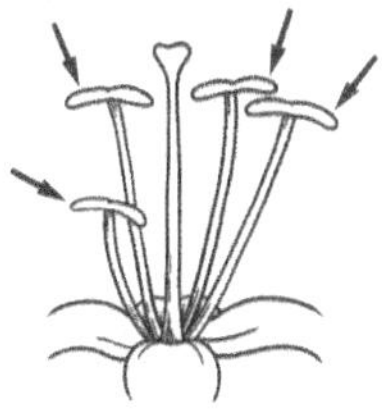

Heterodínamo

Designa um androceu ou uma flor que apresenta estames de tamanhos diferentes.

Hipógina

Flor cujas peças florais estão inseridas abaixo do ovário, ou em receptáculo convexo.

Homodínamos (isodínamos)

Designa um androceu ou uma flor onde todos os estames possuem o mesmo tamanho.

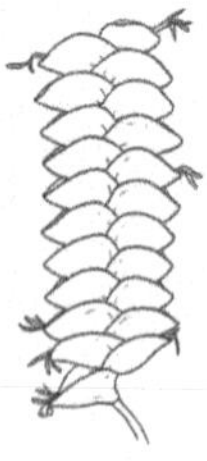

Inflorescência

Agrupamento de flores presas em um mesmo ramo.

Oosfera

Gameta feminino das plantas e algas que, após a fecundação, se desenvolverá em embrião.

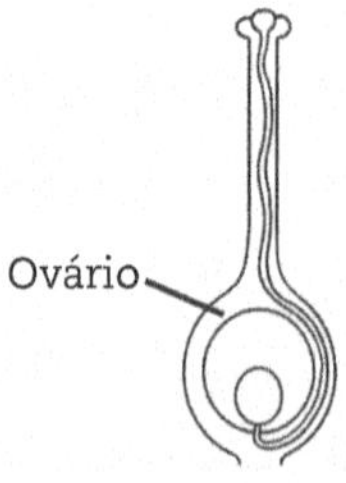

Ovário

É a porção basal, dilatada, do pistilo, que contém no seu interior os óvulos.

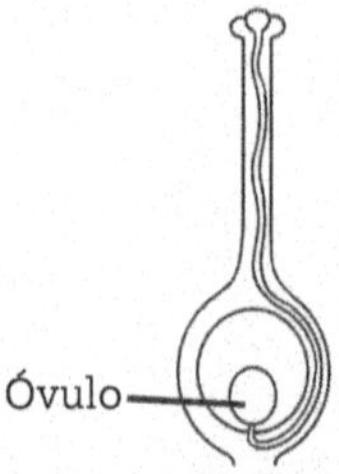

Óvulo

É a estrutura encontrada no interior do ovário, circundada por dois ou mais tegumentos, na qual se encontra a célula sexual feminina ou oosfera e as estruturas acessórias.

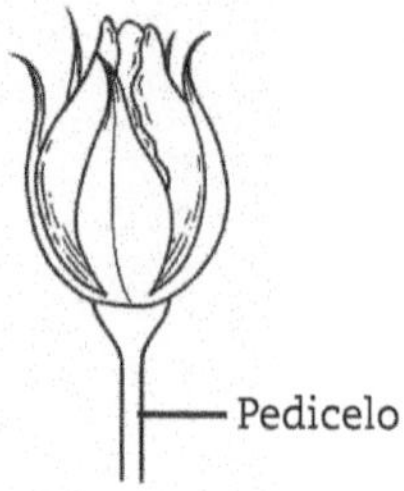

Pedicelo

Eixo de sustentação da flor.

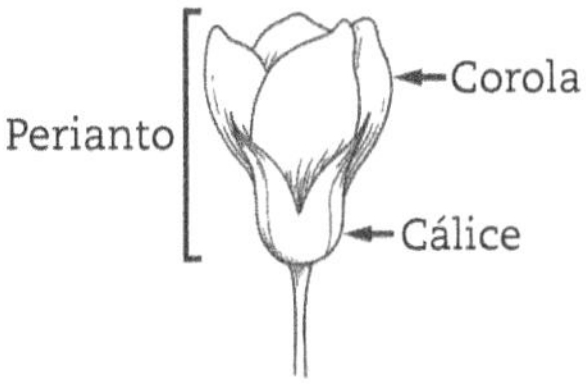

Perianto

É o grupo de verticilos protetores da flor, isto é, um conjunto de cálice e corola que envolve os órgãos de reprodução.

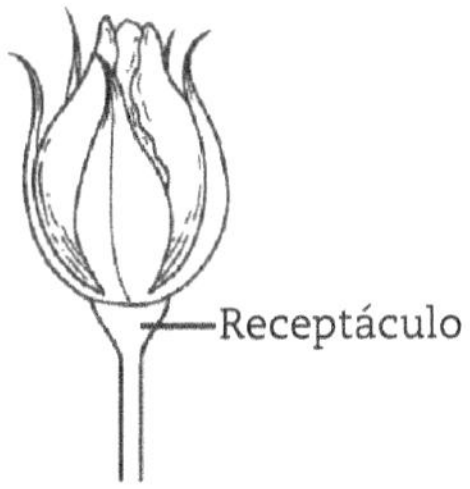

Receptáculo

Porção superior, dilatada, do pedúnculo, onde se inserem os verticilos florais (cálice, corola, androceu e gineceu).

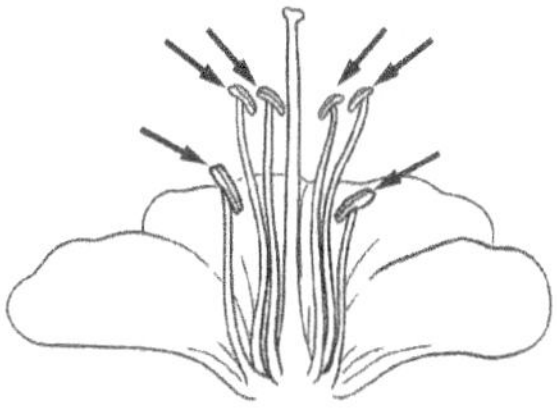

Tetradínamos

Androceu que apresenta seis estames livres, sendo dois mais curtos que os demais.

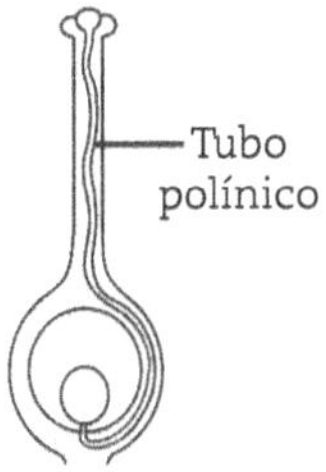

Tubo polínico

Estrutura tubular formada pela germinação do grão de pólen, sobre o estigma, permitindo a passagem em direção à oosfera e, consequentemente, a fecundação.

Zigomorfa

Corola ou flor inteira com simetria bilateral, ou seja, apresenta apenas um plano de simetria.

5 Fruto

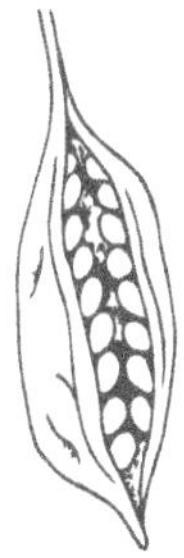

As últimas estruturas a surgir ao longo da evolução das plantas foram as flores e os frutos das angiospermas. As flores aumentaram a eficiência da reprodução devido à atração de polinizadores, enquanto os frutos forneceram maior eficiência na proteção e dispersão das sementes.

Após a fecundação, o ovário se desenvolve, formando o fruto, e os óvulos em seu interior originam as sementes. Nem todos os óvulos presentes no ovário são fecundados e se tornam sementes; por isso, o tamanho, o formato do fruto e o número de sementes são variáveis. O fruto é constituído pelo pericarpo (parede do fruto), que é dividido em três regiões: o epicarpo (camada mais externa), o mesocarpo (camada intermediária, em geral comestível devido ao acúmulo de reserva nutritiva) e o endocarpo (camada mais interna).

Em alguns casos, pode haver o desenvolvimento do fruto sem que haja fecundação, condição que recebe o nome de partenocarpia. Trata-se de uma forma de reprodução assexuada, por propagação vegetativa, em que o fruto é formado sem que o óvulo seja fecundado, e, por isso, não há formação de sementes. Os "pontinhos" encontrados dentro desses frutos são, na verdade, óvulos não fecundados, podendo-se citar como exemplo a banana.

As principais funções dos frutos são, portanto, proteção da semente em desenvolvimento, armazenamento de reservas nutritivas e promoção da disseminação. Os frutos, além de serem fundamentais para as plantas, uma vez que protegem as sementes, são extremamente importantes na nossa alimentação, sendo alimentos ricos em fibras, vitaminas e sais minerais.

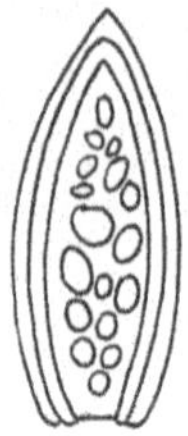

Anfissarcídio

Fruto com pericarpo de consistência carnosa (suculenta), com a cavidade central com muitas sementes envoltas por polpa (endocarpo) carnosa, sem lóculos individualizados.

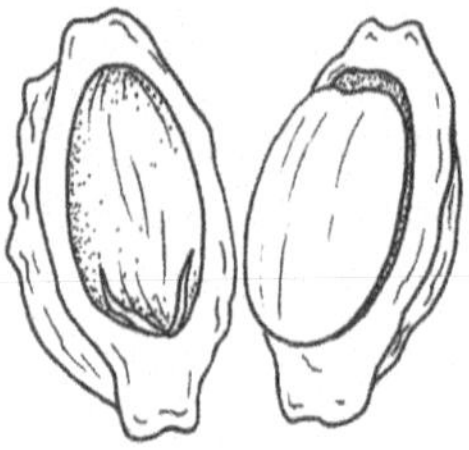

Antocarpo

Participa na formação da parede do fruto, podendo também ser formado pela porção inferior persistente do perigônio, que aumenta de tamanho durante o desenvolvimento do fruto, torna-se mais firme, circunda e protege o fruto (núcula).

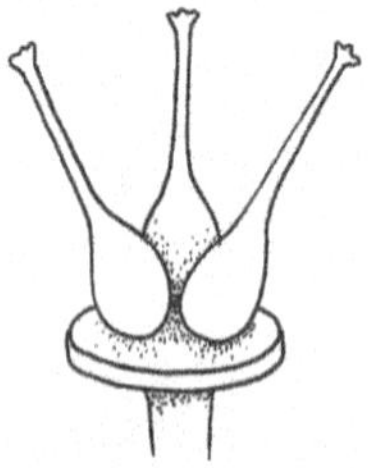

Apocárpico

Diz-se da flor, do gineceu e depois do fruto cujos carpelos são separados e independentes.

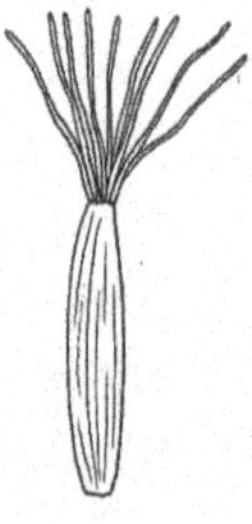

Aquênio

Fruto simples, seco, indeiscente, unilocular, monospérmico, originado de um ovário bicarpelar e ínfero, com semente presa na parede do fruto (pericarpo) em um só ponto, na base. O pericarpo é não soldado ao tegumento, liso ou com excrescências. Pode apresentar estruturas acessórias (invólucro) na base ou apresentar o cálice modificado em *pappus*, como no fruto do girassol.

Bacáceo

Fruto indeiscente, com mesocarpo suculento e endocarpo membranáceo e bem delgado, com espaço central dividido ou não por septos, com uma (como no fruto do abacate) ou poucas sementes, que não se encontram envoltas por polpa.

Bacídio

Fruto indeiscente, com epicarpo geralmente fino e espaço central com numerosas sementes envolvidas por mesocarpo carnoso ou sucoso, não havendo nítida distinção entre os lóculos.

Bacoide

Fruto indeiscente, com pericarpo carnoso ou sucoso e endocarpo constituído apenas pela epiderme interna, não diferenciada, geralmente com um grande número de sementes; entretanto, não são raros os oligospermos e até mesmo os monospérmicos.

Baga

Fruto simples, suculento, indeiscente e, em geral, polispérmico. Também denominado **bacoide**.

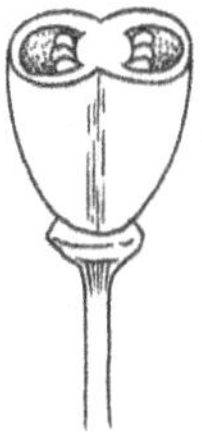

Bilocular

Diz-se do ovário ou do fruto com dois lóculos.

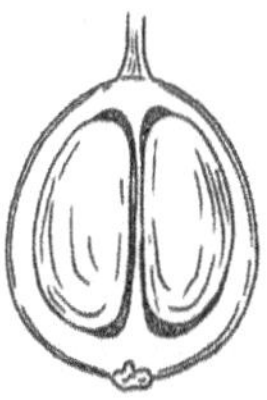

Bispérmico

Fruto que contém duas sementes.

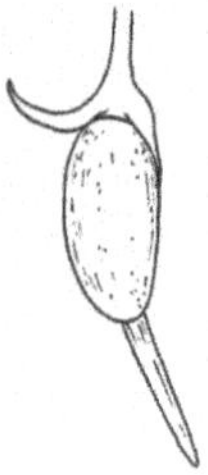

Blastocárpico

Diz-se das sementes que germinam no interior do fruto, como as das plantas de mangue, que ao cair já trazem o embrião em desenvolvimento.

Bolota

Fruto seco indeiscente, envolvido na base por uma cúpula, que é formada pelo receptáculo ou pelo cálice persistente.

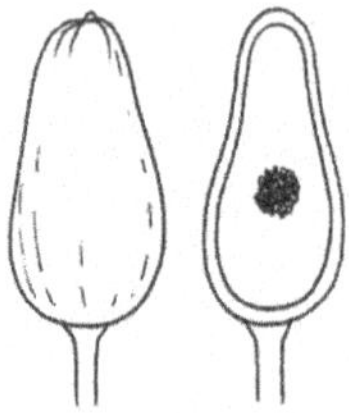

Campomanesoídio

Fruto bacoide, indeiscente, com pericarpo carnoso e cavidade central cheia de tecido polposo uniforme, onde se localizam radialmente na porção central lóculos estreitos que, em geral, encerram poucas sementes.

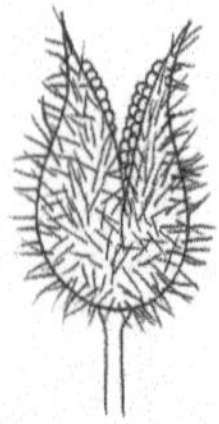

Cápsula

Fruto simples, seco, deiscente, formado por dois ou mais carpelos, com diferentes modos de deiscência e geralmente polispérmico.

Cápsula loculicida

Fruto seco, deiscente, que se origina de um ovário súpero ou ínfero, sincárpico, formado por dois ou mais carpelos, com poucas ou muitas sementes, que se abre na parede do septo (carpelo).

Coca ou mericarpo

Unidade de dispersão, deiscente ou indeiscente, originada de ovário súpero ou ínfero. Possui dois, três ou mais carpelos que se separam quando maduros, com uma ou poucas sementes, raramente muitas. Equivale a cada uma das partes de um fruto esquizocárpico.

Coco

Fruto seco, simples, do tipo drupa, formado pelo epicarpo duro, mesocarpo fibroso, endocarpo duro e semente formada pelo endosperma (líquido e que se bebe ou é a parte comestível) e embrião, que é a parte basal do endosperma. Constitui-se no fruto de diversas palmeiras, como o coco-da-baía.

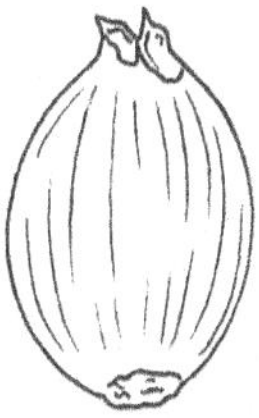

Columela

Ocorre em fruto esquizocarpáceo; é o eixo que persiste após a queda dos mericarpos. No pinhão e na mamona, por exemplo, o fruto se rompe na maturação, as três cocas se desprendem e a columela permanece presa no ápice do pedúnculo.

Cornudo

Fruto que termina em um prolongamento, apêndice, parecido com um corno.

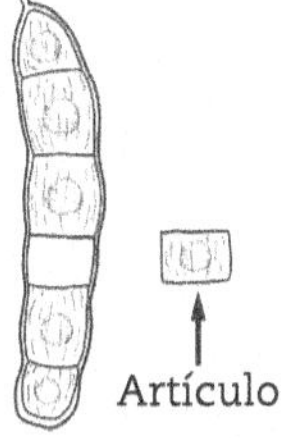

Craspédio

Fruto seco, indeiscente, que se fragmenta transversalmente em segmentos (artículos) com uma semente e que, após a queda, fica preso ao pedúnculo, em uma armação (*replum*) formada pela sutura e pela nervura do único carpelo.

Criptosâmara

Fruto seco, monospérmico, que se caracteriza por apresentar duas porções bem distintas do pericarpo: a externa que se separa em duas valvas bem distintas ou se rompe irregularmente, e a interna (endocarpo) indeiscente, membranácea ou coriácea.

Deiscente

Fruto que se abre e libera suas sementes na maturidade.

Dicoca

Fruto esquizocarpáceo globoso, elipsoide ou ovoide, com duas partes deiscentes ou indeiscentes.

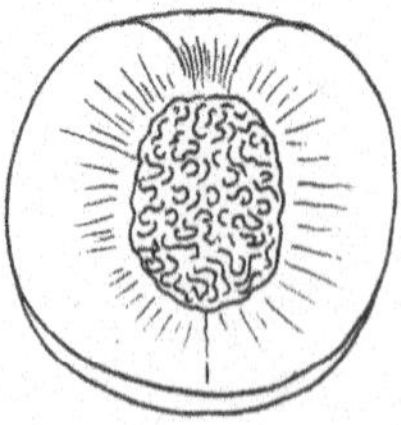

Drupa

Fruto simples, indeiscente, nitidamente diferenciado em exocarpo (fino), mesocarpo (carnoso) e endocarpo (caroço) duro e concrescido com tegumento membranáceo, geralmente com uma semente. Pode ser lenhoso (ameixa, cereja, pêssego), esclerosado (azeitona) ou pergaminhoso (maçã, pera).

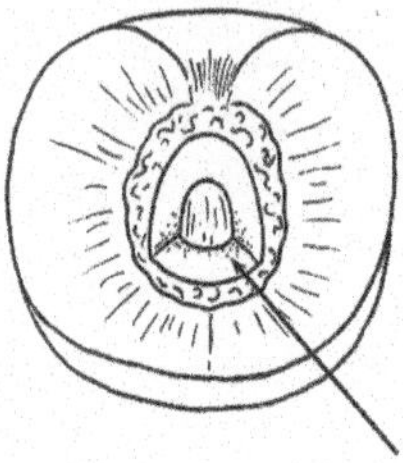

Endocarpo

Camada mais interna do fruto (do pericarpo).

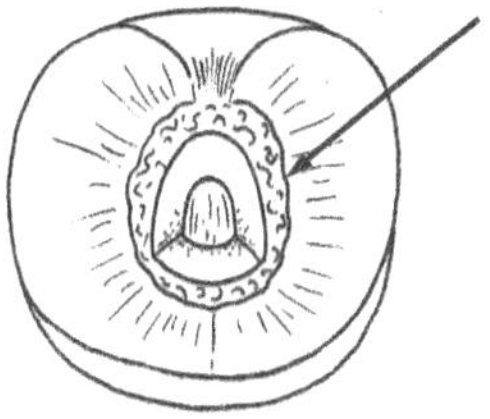

Epicarpo

Camada externa do fruto (do pericarpo).

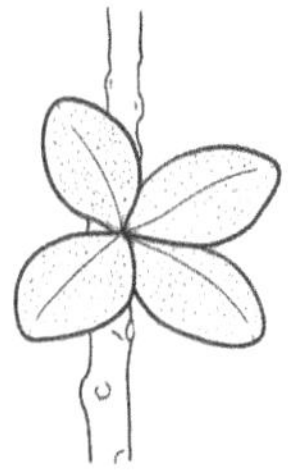

Esquizocarpo

Fruto simples, seco, indeiscente, bi ou pluricarpelar, em que cada carpelo, na maturação, se separa longitudinalmente dos demais, formando um fruto parcial (mericarpo ou carpídio) monospérmico.

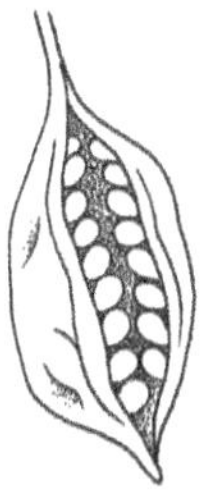

Folículo

Fruto simples, seco, deiscente, de cartáceo a coriáceo, com margens espessadas ou não, mono ou polispérmico, que se abre pela sutura (fenda) longitudinal (bordo ventral ou dorsal) do único carpelo de que é formado. Pode ou não apresentar sementes aladas, que se encontram inseridas no mesmo bordo da deiscência.

Frutículo

Cada estrutura desenvolvida por cada um dos ovários que compõem um fruto composto.

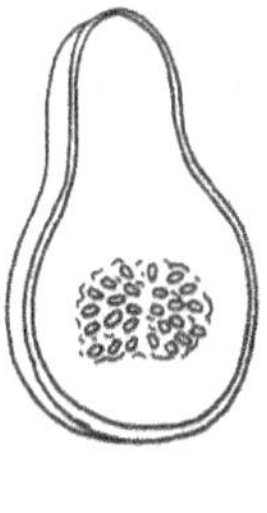

Fruto

Ovário fecundado e desenvolvido, com ou sem semente.

Fruto apocárpico

Formado de um gineceu dialicarpelar.

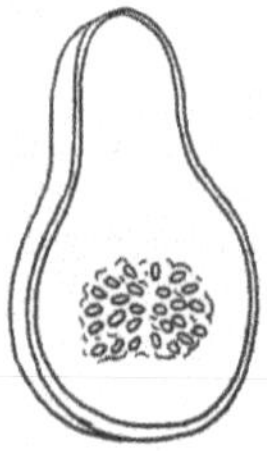

Fruto carnoso

Fruto com pericarpo de tecido suculento (aquoso e parenquimatoso).

Fruto composto

Formado por um ou mais ovários fecundados e desenvolvidos, aos quais se podem associar intimamente outras estruturas acessórias. É frequentemente designado por alguns autores como falso-fruto.

Fruto deiscente

Fruto que se abre na maturação.

Fruto dispérmico

Fruto com duas sementes.

Fruto indeiscente

Fruto que não se abre na maturação.

Fruto monocárpico

Proveniente de um gineceu unicarpelar.

Fruto múltiplo

Originado de vários ovários de flores distintas e que se agrupam em uma estrutura única, chamada de infrutescência.

Fruto partenocárpico

Fruto formado sem a ocorrência da fecundação prévia dos óvulos, não havendo, portanto, sementes.

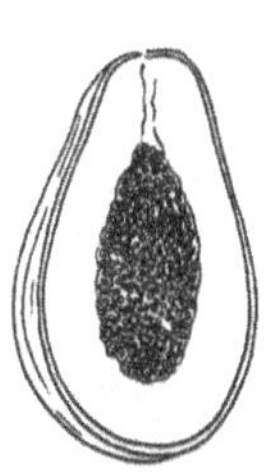

Fruto polispérmico

Fruto com várias sementes.

Fruto seco

Fruto que na maturação tem pericarpo seco, não carnoso.

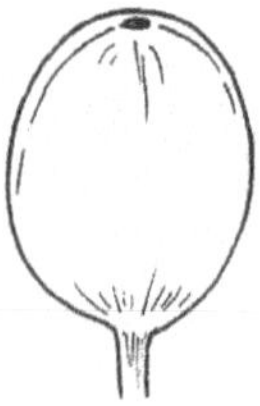

Fruto simples

Originado de um só ovário, de uma flor, formado por um ou mais carpelos. Pode ser deiscente ou indeiscente.

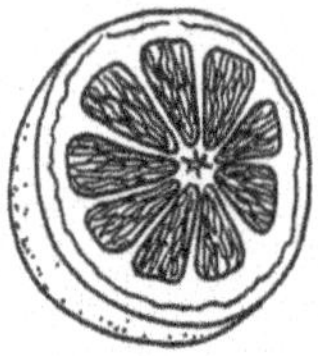

Fruto sincárpico

Formado de um gineceu gamocarpelar.

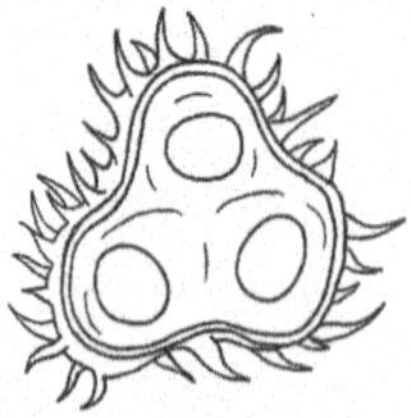

Fruto trispérmico

Fruto com três sementes.

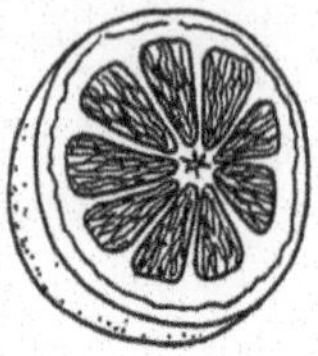

Hesperídio

Fruto simples, originado de um ovário súpero, multicarpelar e sincárpico. Caracteriza-se por apresentar epicarpo delgado, mesocarpo esponjoso e endocarpo com inúmeras vesículas e tricomas, onde se acumula suco, como na laranja e no limão.

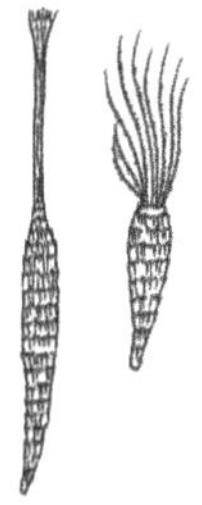

Heterocarpo

Frutos da mesma espécie com características morfológicas externas diferentes. Sinônimo de anomocarpo.

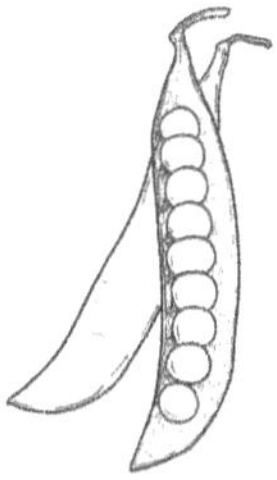

Legume

Fruto seco, deiscente, formado por um carpelo e que se abre por duas fendas longitudinais, ao longo da sutura ventral (bordos de união dos carpelos) e da nervura mediana (principal) do único carpelo.

Lóculo

Cavidade de um órgão, em geral de um esporângio, antera, ovário ou fruto, contendo, respectivamente, esporos, grãos de pólen, óvulos ou sementes.

Lomento

Fruto seco, deiscente, com constrições entre as sementes, fragmentando-se transversalmente na maturação em segmentos (artículos) com uma só semente.

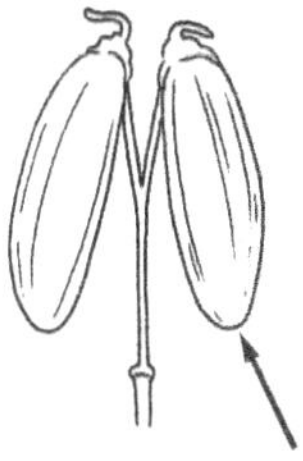

Mericarpo

Sinônimo de carpídio. Refere-se a cada uma das partes de um fruto esquizocarpáceo seco e indeiscente, que na maturação se decompõe em dois mericarpos.

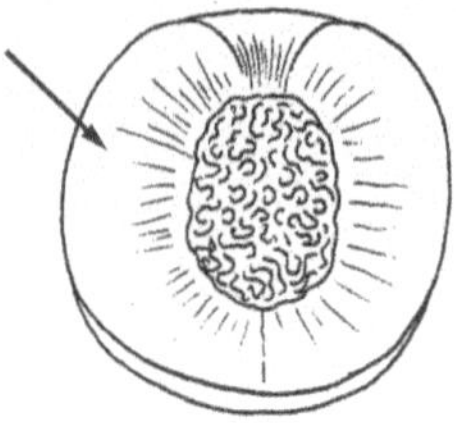

Mesocarpo

Camada mediana dos frutos (do pericarpo), ou seja, é a parte que fica entre o epicarpo e o endocarpo. Corresponde ao mesófilo carpelar e é, em geral, a parte mais desenvolvida do fruto. Pode ser fibroso, farináceo, carnoso e comestível ou não.

Muricada

Diz-se da superfície de certos frutos com numerosas excrescências (protuberâncias) curtas, irregulares e duras, ou provida de saliências (espinhos, tubérculos pontudos ou curtos acúleos cônicos).

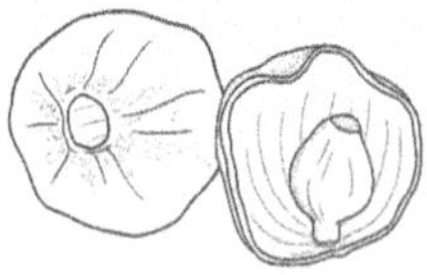

Núcula

Fruto seco formado por um a dois carpelos, com uma semente presa na base da parede do fruto e pericarpo não soldado ao tegumento. Também é conhecido como noz.

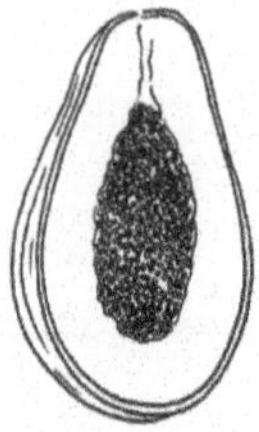

Peponídeo

Fruto carnoso, originado de ovário ínfero com pericarpo carnoso e sementes embebidas em polpa sucosa, como a melancia e o melão.

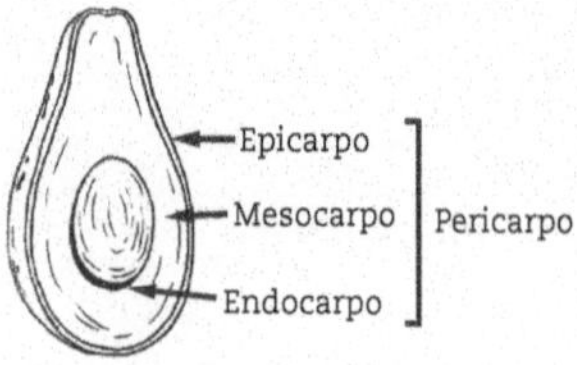

Pericarpo

Parede do fruto que o envolve, proveniente da parede do ovário maduro, e é formado por três camadas: epicarpo, mesocarpo e endocarpo.

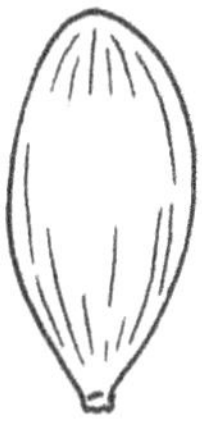

Pirênio

Indica endocarpo (parte central) de um fruto drupoide, indeiscente e carnoso, podendo conter uma ou mais sementes. É também conhecido como caroço.

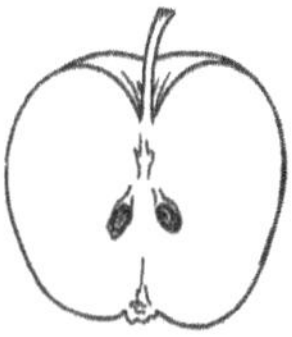

Pomo

Fruto simples, carnoso, indeiscente, derivado de um ovário pluricarpelar e ínfero, arredondado ou piriforme, envolvido pelo receptáculo floral.

Poricida

Diz-se da deiscência quando ocorre por poros.

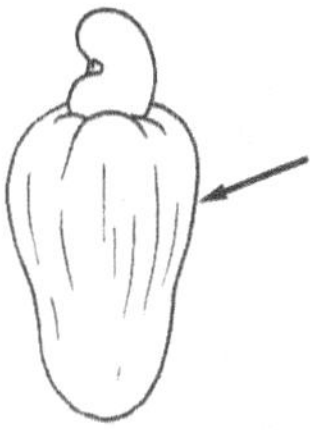

Pseudofruto

Diz-se do órgão semelhante a uma baga, resultante do crescimento de partes acessórias da flor. Um exemplo é o pedúnculo floral no caju, que, assim como a castanha, onde se encontra a semente, é a parte comestível da planta.

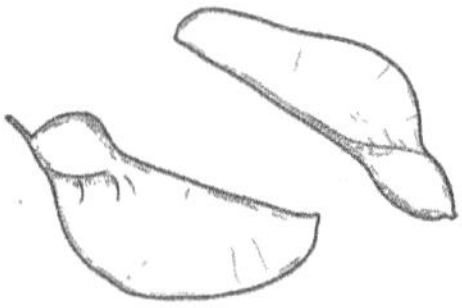

Sâmara

Fruto seco, em geral com uma semente, com extensões semelhantes a asas.

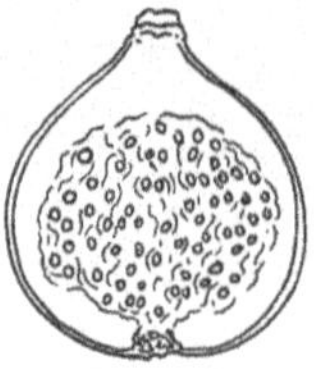

Sicônio

Fruto múltiplo, proveniente de uma inflorescência, em que há um receptáculo suculento em forma de urna com poro apical, que pode estar revestido por numerosos pelos, ou em forma de taça, sempre com flores diclinas no interior. É fruto típico das figueiras.

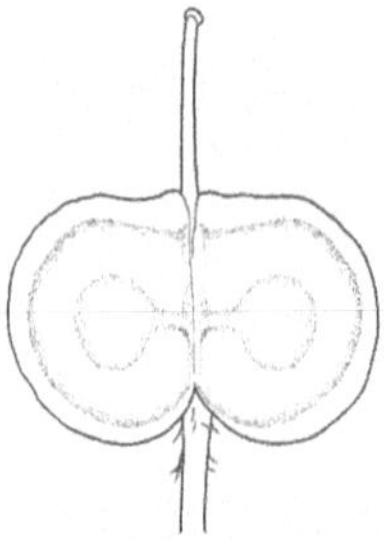

Silícola e síliqua

Fruto seco deiscente, formado por dois carpelos. Ao se abrir, a partir da base, deixa persistente um septo mediano (*replum*), onde se inserem as sementes.

Sorose

Infrutescência constituída pela fusão de bagas, como o abacaxi.

Toruloso

Diz-se do fruto alongado, cilíndrico, desigual na superfície e muito semelhante ao moniliforme.

Tricoca

Fruto esquizocárpico globoso, elipsoide ou ovoide, com três partes, deiscentes ou indeiscentes.

Utrículo

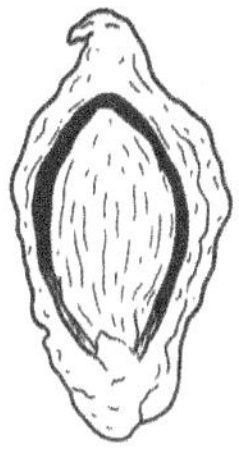

Fruto capsular, com deiscência transversal e monospérmico.

Vagem

Denominação genérica para legume. Fruto seco, alongado, em geral deiscente, com várias sementes.

6

Semente

A semente é simplesmente um óvulo maduro contendo um embrião. É considerada como o embrião pronto para se desenvolver, pois se trata de um organismo já completo, com todas as partes elementares prontas. Sua principal função é dar origem a uma nova planta, garantindo a propagação da espécie.

As sementes das angiospermas são formadas basicamente pelo tegumento e embrião (cotilédone(s) + eixo embrionário) e um terceiro componente denominado endosperma, às vezes ausente. Nas gimnospermas, como não ocorre dupla fecundação, o tecido que persiste como tecido de nutrição do embrião é o próprio ginófito, embora muitos autores o chamem de endosperma primário (porque já existia no óvulo antes da fecundação), diferenciando-o do endosperma secundário resultante da fecundação dupla das angiospermas.

No entanto, do ponto de vista funcional, as sementes são constituídas por casca (cobertura protetora), tecido de reserva (endospermático ou cotiledonar ou perispermático) e tecido meristemático (eixo embrionário), e cada parte apresenta funções específicas.

Os cotilédones de algumas espécies podem se tornar os primeiros órgãos fotossintetizadores da plântula. Nesses casos, eles são finos, de tamanho médio a grande, e se parecem com as folhas verdadeiras. Tais cotilédones sempre emergem acima do solo e se tornam verdes, sendo denominados cotilédones produtores. Podem também exercer a função haustorial, que se manifesta durante o processo germinativo, realizando o transporte de reservas alimentícias da semente para a plântula em desenvolvimento. Nas monocotiledôneas, a porção haustorial do cotilédone é chamada de escutelo. Essa porção permanece no interior do tegumento durante a germinação da semente, funcionando como um órgão que absorve os nutrientes armazenados no tecido de reserva e os leva à plântula.

As sementes são estruturas extremamente importantes para a perpetuação e dispersão da espécie, por garantir a proteção do embrião e fornecer os nutrientes necessários para o seu desenvolvimento, além de ter um papel fundamental na evolução da agricultura e na história da civilização.

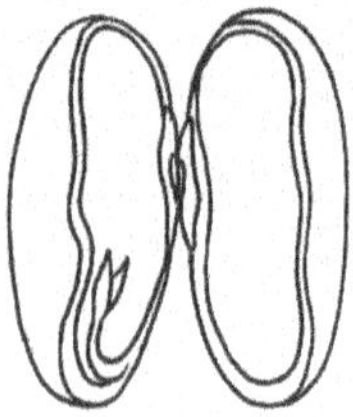

Amêndoa

Diz-se do fruto ou da semente da amendoeira (*Prunus dulcis* (Mill.) D.A.Webb) e suas variedades.

Anemocoria

Dispersão realizada pelo vento. O fruto ou a semente contêm adaptações morfológicas para serem dispersos pelo vento.

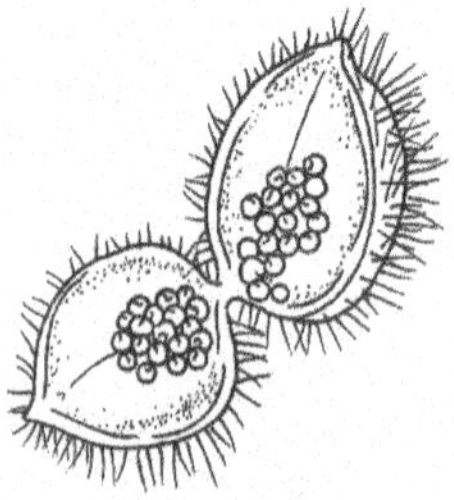

Autocórica

Dispersão por mecanismos da própria planta, que lança suas sementes pelas redondezas com algum mecanismo particular ou libera as sementes direto no solo.

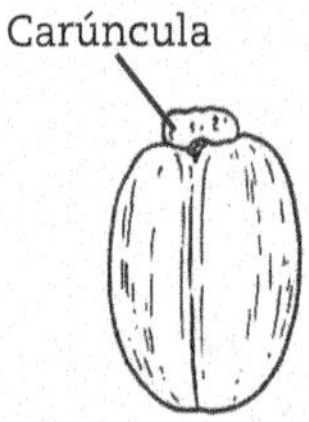

Carúncula

Estrutura carnosa, presente na extremidade micropilar da semente de muitas Euphorbiaceae, resultante da proliferação de células do tegumento externo. Além de atuar na dispersão, a carúncula tem papel importante na germinação, por ser higroscópica e absorver água do solo para o embrião.

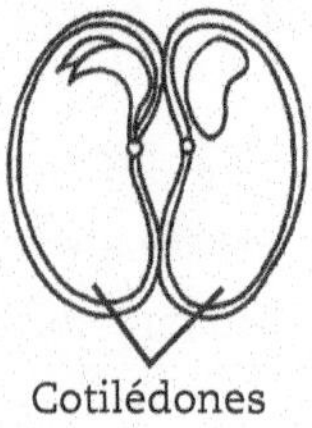

Cotilédone

Folha embrionária com a função de armazenar substâncias nutritivas para o embrião nas fases iniciais da germinação da semente.

Embebição

Refere-se ao processo físico primário da germinação. Após se atingir a ampliação do volume interno da semente, há o rompimento do tegumento e a germinação.

Embrião

Produto da fecundação da oosfera, rudimento existente no interior da semente que dá origem à futura plântula, formado por um eixo diferenciado hipocótilo-radícula.

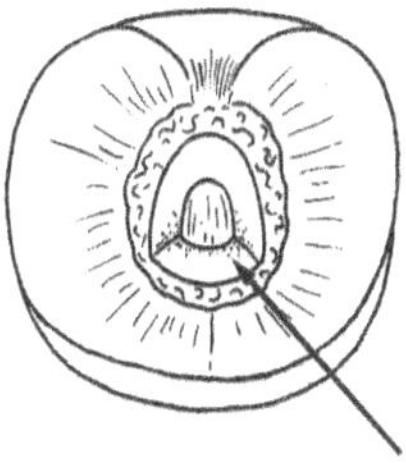

Endocarpo

Camada mais interna do pericarpo, ou seja, camada que envolve a semente.

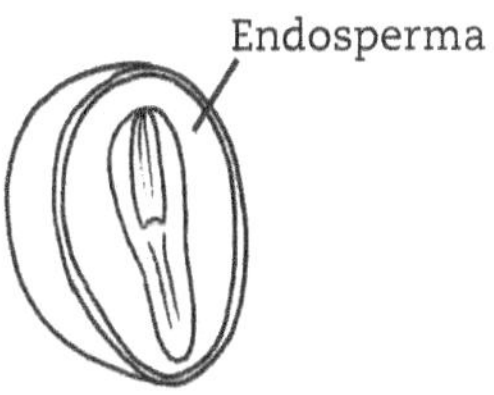

Endosperma

Tecido que recobre o saco embrionário no interior da semente que está para se originar. Acumula substâncias nutritivas para a manutenção do embrião.

Epicótilo

Um dos constituintes do embrião, originado da porção superior do caule.

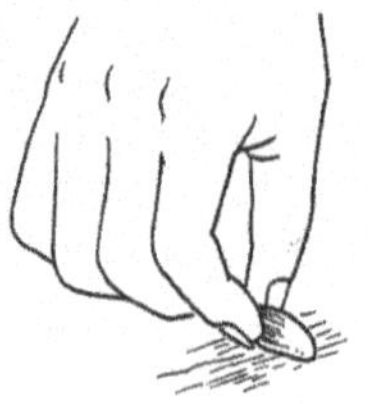

Escarificação

Ato de expor a parte interna da semente para facilitar a germinação. Pode ser química ou mecânica.

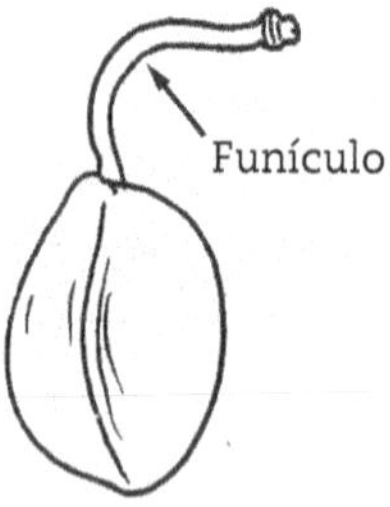

Funículo

Estrutura filamentosa que liga a semente ao fruto.

Germinação

Processo inicial de desenvolvimento de uma semente em uma nova planta. Período de crescimento e de diferenciação do embrião. Ocorre quando as condições ambientais são favoráveis.

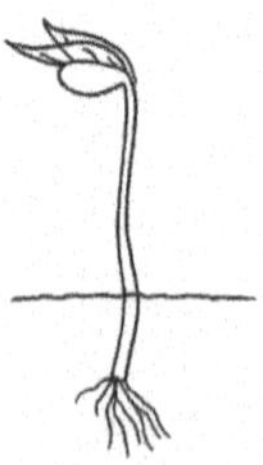

Germinação epígea

Germinação em que os cotilédones emergem acima do nível do solo.

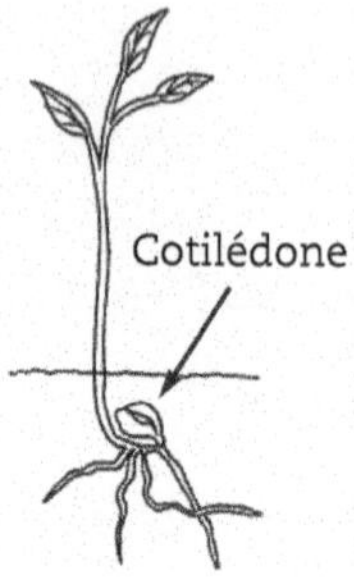

Germinação hipógea

Germinação em que os cotilédones permanecem dentro do solo. O hipocótilo é curto e o epicótilo cresce mais enquanto empurra a plúmula para fora do solo.

Hidrocoria

Dispersão de frutos e sementes realizada por água.

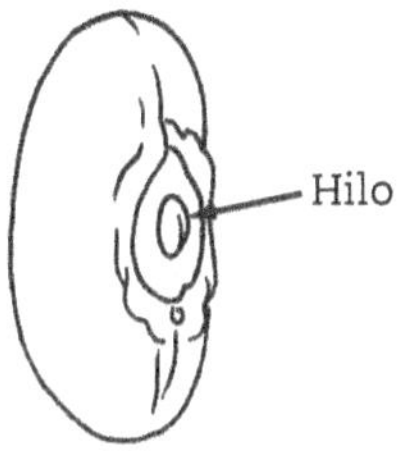

Hilo

Estrutura na superfície da semente, do tegumento, que se apresenta como uma cicatriz formada pelo desprendimento do funículo. Possui diversas colorações e formas e pode ser saliente ou rebaixado.

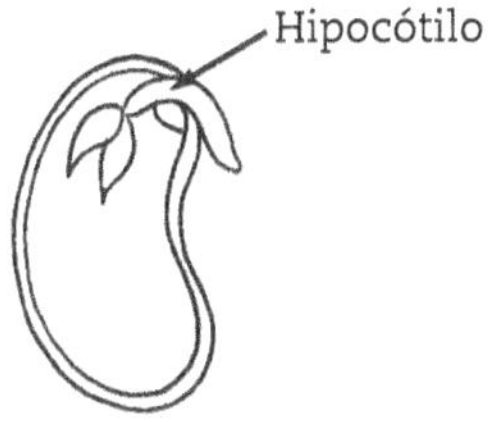

Hipocótilo

Eixo caulinar do embrião em estágio inicial de desenvolvimento. Localiza-se abaixo dos cotilédones.

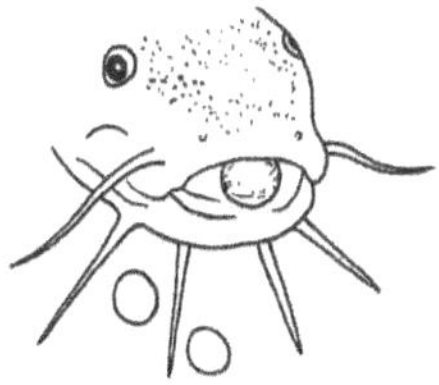

Ictiocoria

Dispersão de frutos e sementes realizada por peixes.

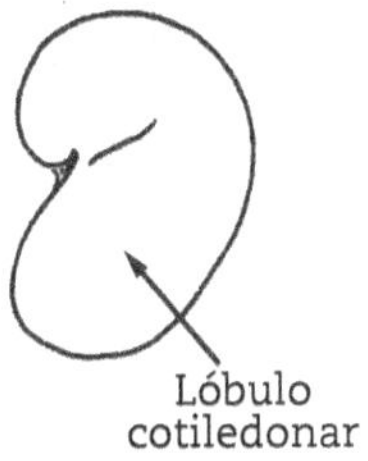

Lóbulo cotiledonar

Região da semente que contém o cotilédone, delimitado por sulcos que formam recortes pouco profundos e arredondados.

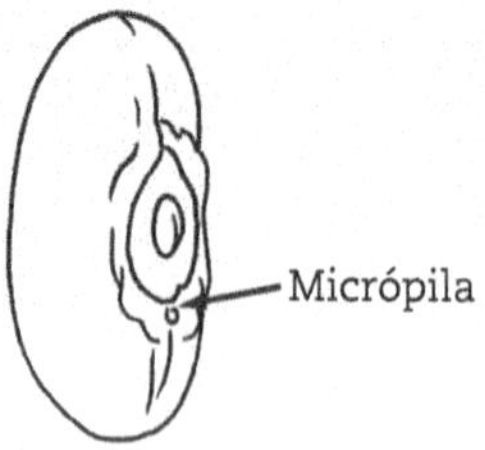

Micrópila

Abertura no tegumento do óvulo, que permite a fecundação.

Mamaliocoria

Dispersão de frutos e sementes realizada por mamíferos não voadores, como marsupiais, roedores e canídeos.

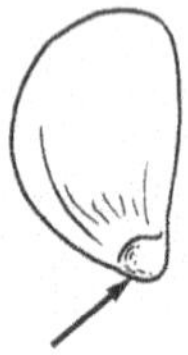

Opérculo

Região especializada no tegumento da semente, que possibilita a protusão da raiz ou a abertura transversal do fruto.

Ornitocoria

Dispersão de frutos e sementes realizada por pássaros.

Plântula

Planta pequena originada no estágio inicial de desenvolvimento do embrião.

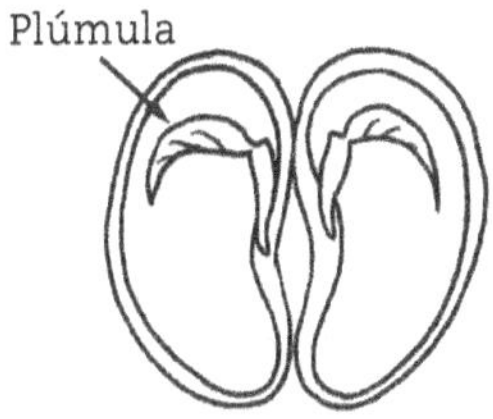

Plúmula

Ápice do eixo do embrião ou da plântula dos vegetais com sementes que origina as primeiras folhas.

Quiropterocoria

Dispersão de frutos e sementes realizada por morcegos.

Radícula

Estrutura primária que desabrocha com a germinação, pequena raiz do embrião das plantas fanerógamas.

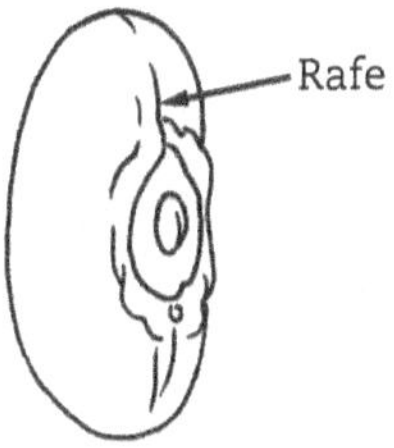

Rafe

Cicatriz longitudinal formada no tegumento pelos feixes fibrovasculares internos, interligando o hilo à calaza.

Saurocoria

Dispersão de frutos e sementes realizada por répteis.

Semente

Trata-se do óvulo desenvolvido, que se origina após a fecundação e contém o embrião, constituído ou não por reservas energéticas e tegumento que confere proteção.

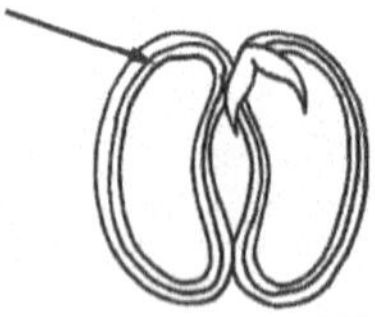

Tégmen

É o tegumento interno da semente. Quando o óvulo tem originalmente dois integumentos, a testa e o tégmen nem sempre estão bem diferenciados; às vezes aparece um só tegumento, em outras ocasiões há falta ou perda da sua individualidade, e ainda podem ocorrer mais de dois tegumentos.

Tegumento

Camada que envolve o embrião na semente. Tecido protetor contra microrganismos, danos mecânicos e dissecação.

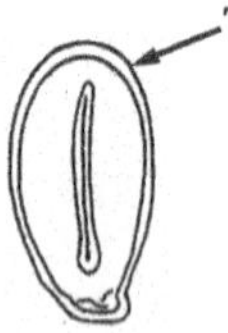

Testa

É o tegumento externo da semente, quando o óvulo tem originalmente dois integumentos (primina e secundina). O termo só pode ser usado como sinônimo de tegumento quando a semente apresenta uma única camada (tégmen ausente) que, portanto, se originou da primina do óvulo.

Zoocoria

Dispersão de frutos e sementes realizada por animais.

Bibliografia adotada e sugerida

AGAREZ, F. V.; PEREIRA, C.; RIZZINI, C. M. *Botânica*: taxonomia, morfologia e reprodução dos Angiospermae – chaves para determinação das famílias. 2 ed. Rio de Janeiro: Âmbito Cultural, 1994. 256 p.

AGUIAR, C. *Arquitetura de plantas*. Bragança, Portugal: Instituto Politécnico de Bragança, 2014. 39 p.

AGUIAR, C. *Botânica para Ciências Agrárias e do Ambiente*. Volume I: Morfologia e Função (fasc. 1). Bragança, Portugal: Instituto Politécnico de Bragança, 2013. 95 p.

AGUIAR, C. *Botânica para Ciências Agrárias e do Ambiente*. Volume I: Morfologia e Função (fasc. 2). Bragança, Portugal: Instituto Politécnico de Bragança, 2013. 46 p.

AGUIAR, C. *Botânica para Ciências Agrárias e do Ambiente*. Volume II: Reprodução e Evolução. Bragança, Portugal: Instituto Politécnico de Bragança, 2013. 84 p.

ALMEIDA, M.; ALMEIDA, C. V. *Morfologia da folha de plantas com sementes*. Piracicaba, SP: Esalq-USP, 2018. 111 p. (Coleção Botânica, 3).

ALMEIDA, M.; ALMEIDA, C. V. *Morfologia da raiz de plantas com sementes*. Piracicaba, SP: Esalq-USP, 2014. 71 p. (Coleção Botânica, 1).

ALMEIDA, M.; ALMEIDA, C. V. *Morfologia do caule de plantas com sementes*. Piracicaba, SP: Esalq-USP, 2014. 155 p. (Coleção Botânica, 2).

APPEZZATO-DA-GLÓRIA, B. *Morfologia de sistemas subterrâneos de plantas*. Belo Horizonte, MG: 3i Editora, 2015. 160 p.

APPEZZATO-DA-GLÓRIA, B.; CARMELLO-GUERREIRO, S. *Anatomia vegetal*. 2 ed. Viçosa, MG: Ed. UFV, 2006. 438 p.

ARBER, A. *The Natural philosophy of plant forms*. Cambridge: Cambridge University Press, 1950. 247 p.

AZEVEDO, A. A.; PICOLI, E. A. T.; SILVA, L. C.; VENTRELLA, M. C.; MEIRA, R. M. S. A.; OTONI, W. C. *Anatomia das espermatófitas*: material de aulas teórico-práticas. Viçosa, MG: Ed. UFV, 2018. 123 p.

BALTAR, S. L. *Manual prático de morfoanatomia vegetal*. São Carlos, SP: RiMa, 2006. 88 p.

BARROSO, G. M.; MORIM, M. P.; PEIXOTO, A. L.; ICHASO, C. L. F. *Frutos e sementes*: morfologia aplicada à sistemática de dicotiledôneas. Viçosa, MG: Ed. UFV, 1999. 443 p.

BELL, A. *Plant Form*: an illustrated guide to flowering plant morphology. Portland, London: Timber Press, 2008. 431 p.

BONA, C.; BOEGER, M. R.; SANTOS, G. O. *Guia Ilustrado de Anatomia Vegetal*. Ribeirão Preto, SP: Holos Editora. 2004. 80 p.

BRASIL. Ministério da Agricultura, Pecuária e Abastecimento. Secretaria de Defesa Agropecuária. *Glossário ilustrado de Morfologia*. Brasília: Mapa/ACS, 2009. 410 p.

BRESINSKY, A.; KÖRNER, C.; KADEREIT, J. W.; NEUHAUS, G.; SONNEWALD, U. *Tratado de Botânica de Strasburguer*. 36 ed. Porto Alegre, RS: Artmed, 2012. 1.166 p.

CARVALHO, N. M. NAKAGAWA, J. *Sementes*: ciência, tecnologia e produção. 4 ed. Jaboticabal, SP: Funep, 2000. 588 p.

CASTRO, A. S.; CAVALCANTE, A. *Flores da Caatinga*. Campina Grande: Instituto Nacional do Semiárido, 2010. 116 p.

CORREA, M. P. *Dicionário das plantas úteis do Brasil.* v. 3. Rio de Janeiro: Imprensa Nacional, 1978. 316 p.

CORTEZ, P. A.; SILVA, D. C.; CHAVES, L. F. *Manual prático de morfologia e anatomia vegetal.* Ilhéus, BA: Editus, 2016. 92 p.

CUTLER, D. F.; BOTHA, T.; STEVENSON, D. W. *Anatomia vegetal*: uma abordagem aplicada. Porto Alegre, RS: Artmed, 2011. 304 p.

CUTTER, G. E. *Anatomia vegetal.* Parte I: células e tecidos. São Paulo, SP: Roca, 1986. 304 p.

DAMIÃO FILHO, C. F. *Morfologia Vegetal.* 2 ed. Jaboticabal, SP: Funep, 2005.

ELLIS, B.; DALY, D. C.; HICKEY, L. J.; JOHNSON, K. R.; MITCHELL, J. D.; WILF, P.; WING, S. L. *Manual of leaf architecture.* New York: Cornell University Press, 2009. 190 p.

ESAU, K. *Anatomia das plantas com sementes.* 1 ed. São Paulo: Blucher, 1974. 293 p.

EVERT, R. F. *Anatomia das plantas de Esaú*: meristemas, células e tecidos do corpo da planta; sua estrutura, função e desenvolvimento. São Paulo: Blucher, 2013.

EVERT, R. F.; EICHHORN, S. E. RAVEN: Biologia vegetal. Tradução: Jane Elizabeth Kraus et al. 8 ed. Rio de Janeiro: Guanabara Koogan, 2014. 830 p.

FAHN, A. *Plant Anatomy.* 4 ed. Oxford: Pergamon Press, 1990. 588 p.

FAHN, A. *Secretory tissues in plants.* London: Academic Press, 1979. 302 p.

FERRI, M. G. *Botânica*: morfologia externa das plantas. 15 ed. São Paulo: Nobel, 1983.

FERRI, M. G. *Botânica*: morfologia interna das plantas – anatomia. 9 ed. São Paulo: Nobel, 1999. 112 p.

FERRI, M. G.; MENEZES, N. L.; MONTEIRO, W. R. *Glossário ilustrado de botânica.* 1 ed. São Paulo: Nobel, 1981. 197 p.

GOMES-PIMENTEL, R.; BRAZ, D. M.; GERMANO-FILHO, P.; GEVÚ, K. V.; SILVA, I. A. A. *Morfologia de Angiospermas.* Rio de Janeiro: Technical Books, 2017. 224 p.

GONÇALVES, E. G.; LORENZI, H. *Morfologia vegetal*: Organografia e dicionário ilustrado de morfologia das plantas vasculares. Nova Odessa, SP: Instituto Plantarum de Estudos da Flora, 2007. 416 p.

GONZÁLEZ, C. C.; AYESTARÁN, M. G. *Atlas Fotográfico de Botânica.* Comodoro Rivadavia: Universitaria de la Patagonia – EDUPA, 2019. 63 p.

LEMOS, J. R. *Morfoanatomia de plantas do Semiárido.* 1 ed. São Paulo: Blucher Open Acess, 2020. 84 p.

LEMOS, J. R.; PINHO, I. F. *Guia ilustrado de plantas da região do Delta do Parnaíba* (NE do Brasil). São Paulo: Blucher Open Acess, 2020. 92 p.

LEMOS, J. R.; SILVA, I. I. C. *Flores do Semiárido.* Curitiba; Teresina: Editora CRV; EDUFPI, 2019. 80 p.

MACADAM, J. W. *Structure & function of plants.* Ames, Iowa: Wiley-blackwell, 2009. 287 p.

MACÊDO, N. A. *Manual de técnicas em histologia vegetal.* Feira de Santana: UEFS, 1997. 68 p.

MARTINS-DA-SILVA, R. C. V.; SILVA, A. S.; FERNANDES, M. M.; MARGALHO, L. F. *Noções Morfológicas e Taxonômicas para Identificação Botânica.* Belém, PA: Embrapa Amazônica Oriental, 2014. 133 p.

MARZOCA, A. *Nociones básicas de taxonomia vegetal.* San Jose, Costa Rica: Instituto Interamericano de Cooperación para La Agricultura, 1985. 263 p.

MAUSETH, J. D. *Plant Anatomy*. Menlo Park: The Benjamin/Cumming Publishing Company, 1988. 560 p.

NABORS, M. W. *Introdução à Botânica*. Tradução: Marco Aurélio S. Mayworm. São Paulo: ROCA, 2012. 680 p.

OBERMULLER, F. A.; DALY, D. C.; OLIVEIRA, E. C.; SOUZA, H. F.; OLIVEIRA, H. M.; SOUZA, L. S.; SILVEIRA, M. *Guia ilustrado e manual de arquitetura foliar para espécies madeireiras da Amazônia ocidental*. Rio Branco: G. K. Noronha, 2011. 111 p.

OLIVEIRA, F.; SAITO, M. L. *Práticas de Morfologia Vegetal*. 2 ed. Rio de Janeiro: Atheneu, 2016. 134 p.

OLIVERA, D. M. T.; MACHADO, S. R.; STAHL, J. M.; RODRIGUES, T. M. *Álbum didático de anatomia vegetal*. Botucatu, SP: Unesp, 2009. 65 p.

PENÃ, J. R. A. *Manual de Histología Vegetal*. Madrid: Ediciones Mundi-Prensa, 2011. 326 p.

RAVEN, P. H.; EVERT, R. F.; EICHHORN, S. E. *Biologia Vegetal*. 5 ed. Rio de Janeiro: Guanabara Koogan, 2007. 738 p.

RUDALL, P. *Anatomy of flowering plants*: an introduction to structure and development. 3 ed. Cambridge: Cambridge Press, 2007. 145 p.

SAUERESSIG, D. *Manual de Dendrologia*. Irati, PR: Editora Plantas do Brasil, 2017. 150 p.

SILVA-JÚNIOR, M. C.; SOARES-SILVA, L. H.; CORDEIRO, A. O. O.; MUNHOZ, C. B. R. *Guia do observador de árvores*: tronco, copa e folha. Brasília: rede de sementes do Cerrado, 2014. 252 p.

SOLEREDER, H. *Systematic anatomy of dicotyledons*. v. 1. Oxford: Claredon Press, 1908.

SOUSA, V. C.; LORENZI, H. *Botânica sistemática*: Guia ilustrado para identificação de Fanerógamas nativas e exóticas no Brasil, baseado em APG IV. Nova Odessa: Instituto Plantarum, 2019. 768 p.

SOUZA, L. A. *Anatomia do fruto e da semente*. Ponta Grossa: UEPG, 2006. 200 p.

SOUZA, L. A. *Morfologia e anatomia vegetal*: células, tecidos, órgãos e plântulas. Ponta Grossa: UEPG, 2009. 259 p.

SOUZA, L. A.; ROSA, S. M.; MOCHESTA, I. S.; MOURÃO, K. S.; RODETA, R. A.; ROCHA, D. C. *Morfologia e anatomia vegetal*: técnicas e práticas. 1 ed. Ponta Grossa: UEPG, 2005. 194 p.

SOUZA, V. C.; LORENZI, H. *Botânica sistemática*: guia ilustrado para identificação das famílias de Angiospermas da flora brasileira, baseado em APG IV. 4 ed. Nova Odessa, SP: Plantarum, 2019. 767 p.

SOUZA, V. C.; FLORES, T. B.; LORENZI, H. *Introdução à botânica*: morfologia. 1 ed. Nova Odessa, SP: Plantarum, 2013. 223 p.